Martin Rütter

Weltbild

INHALT

Hallo liebe Hundefreunde,

dass dieses Buch entstanden ist, ist ausschließlich den zahlreichen Zuschauern unserer Serie „Der Hundeprofi" auf VOX zu verdanken. Sie waren es nämlich, die mich dazu animiert haben, ein Begleitbuch zur Sendung zu schreiben. Immer wieder wurde ich angesprochen, mit Mails und Briefen überhäuft. Viele Menschen wollten noch zusätzliche Tipps und Informationen zu den gezeigten Fällen haben. Und genau dies beinhaltet dieses Buch. Leider ist die Sendezeit nie ausreichend, um wirklich alle Trainingsschritte zu zeigen, so dass ich hier auf diesem Wege die Möglichkeit habe über das Gesendete hinaus Informationen zu geben.

Sie werden in diesem Buch aber auch Einblicke in den Alltag vor und hinter der Kamera bekommen. Da ich bei allen Dreharbeiten ja nicht nur die Menschen und deren Hunde treffe, die mich um Hilfe gebeten haben, sondern auch stets das gesamte Team, das zum Teil aus acht Personen besteht, dabei habe, werden sie auch hier einige Menschen kennenlernen, die hinter der Kamera agieren. Das Drehen mit Hunden erfordert wirklich extrem viel Fingerspitzengefühl bei allen Beteiligten. Die Kamera-

Von links nach rechts:
Martin Rütter, Julia Frede,
Markus Gummersbach,
Klaus Grittner, Andrea
Buisman, Elisabeth Neumann,
André Spauke, Sascha Nagel

männer müssen sich natürlich genauso immer wieder auf neue Hunde mit völlig unterschiedlichen Persönlichkeiten einstellen, wie ich als Coach auch. Manches Mal dauert es länger, die Hunde an die Kamera zu gewöhnen, als der Trainingsprozess als solcher. Exemplarisch für die vielen Folgen, habe ich 7 Fälle ausgewählt, die meine Arbeit dokumentieren. Ganz bewusst habe ich aber auch über die speziellen Probleme hinausgehende Themen angesprochen, so dass auch Hundefreunde Ratschläge erhalten, deren Hund nicht genau das selbe Problem hat.

Mir ist es aber auch ein besonderes Anliegen mit dazu beizutragen, dass Probleme erst gar nicht entstehen. Und deshalb widmet sich ein Kapitel dem Thema Welpentraining. Ich möchte somit dabei helfen, dass ein guter Start von Anfang an möglich ist und Probleme von vorn herein vermieden werden. Da wir Hundemenschen, wenn wir einmal auf den Hund gekommen sind, immer wieder mit Hunden leben möchten, wird dieses Kapitel für Sie sicher auch dann interessant sein, wenn Ihr jetziger Hund dem Welpenalter bereits entwachsen ist.

In diesem Sinne wünsche ich Ihnen viel Spaß beim Lesen und eine glückliche Zeit mit Ihren Hunden.

Herzlichst,

Buffy –
Angst vorm Alleinsein

Vorgeschichte – ein Welpe ohne Prägung

Buffy ist eine quirlige, sechs Jahre alte Mischlingshündin, die man einfach gern haben muss. Wuselt sie einem mit ihrem wuscheligen Fell um die Beine, sind alle Herzen sofort erobert. Doch wie kann es sein, dass die Nachbarn von diesem netten Hund so genervt sind, dass bereits das Verhältnis zu Buffys Familie darunter leidet?

Buffy lebt schon sehr lange bei Familie Klein. Diese holten sie bereits mit fünf Wochen von ihren sogenannten Züchtern, damit sie dort nicht weiter leiden musste. Denn die Züchter hatten die Nase voll von der Arbeit, die Welpen nun einmal mit sich bringen! Der Wurf war nicht geplant gewesen, die Hündin wurde in der Läufigkeit vom ebenfalls im Haus lebenden Rüden gedeckt, ein sogenannter „Unfallwurf". Dass Welpen nicht einfach nur süß sind, sondern sehr viel Verantwortung bedeuten, stellte sich dann schnell heraus. Und so war man froh, die Welpen so schnell wie möglich zu vermitteln. Buffy war mit fünf Wochen der letzte Welpe aus dem Wurf, der noch bei der Mutter war! Nachdem Buffy bei Familie Klein eingezogen war, kümmerten sich alle sehr intensiv um sie. Hatte sie doch in ihren ersten Lebenswochen nicht gerade das große Los gezogen, sollte es ihr nun wenigstens in Zukunft besonders gut gehen.

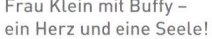

Frau Klein mit Buffy – ein Herz und eine Seele!

Prägungsphase

Die Zeit zwischen der dritten und achten Woche bezeichnet man beim Hund als Prägungsphase. In dieser Zeit ist der Welpe von seiner Mutter abhängig, wird fast noch bis zum Ende dieser Zeit gesäugt und lernt von Mama alles Lebenswichtige! Dazu gehört die Entdeckung von immer neuen Dingen wie zum Beispiel unterschiedlichen Untergründen, sowie optischen und akustischen Reizen. Daher bietet ein guter Züchter seinen Welpen immer wieder neue Möglichkeiten, hier Erfahrungen zu sammeln. Dabei ist es egal, ob es sich um ein neues Hundespielzeug oder aber eine knisternde Plastiktüte, ein Flatterband, ein kleines Planschbecken oder auch einmal laute Musik aus dem Radio handelt! Mit Mama und den Geschwistern zusammen kann man in Ruhe alles erkunden, der kleine Welpe fühlt sich sicher und geborgen. Zudem benötigt der Welpe in dieser Zeit seine Geschwister, denn er muss sich auch im Einsatz der Körpersprache üben. Was erreicht man mit Knurren? Wie kann man zeigen, dass man eigentlich gar keinen Streit will? Wofür kann man die unterschiedlichen Stellungen der Rute einsetzen? All dies kann der Welpe nur im Umgang mit seinen Geschwistern trainieren. Daher macht es Sinn, und ist in Deutschland laut Tierschutzgesetz auch vorgeschrieben, dass ein Welpe frühestens im Alter von acht Wochen an seine neuen Halter abgegeben werden darf.

Wird ein Welpe früher von Mutter und Geschwistern getrennt, kann es zu schwerwiegenden Verhaltensstörungen kommen. Diese können die Bereiche der Kommunikation und des Umgangs mit Artgenossen betreffen, oder aber es entstehen durch die zu frühe Trennung Verlassensängste. Dieses traumatische Erlebnis kann dann dazu führen, dass der Hund auch später Probleme beim Alleinbleiben hat.

Problem – Trennungsangst

Seit dem Umzug der Familie hat Buffy große Probleme damit, alleine zu bleiben. Sie heult und jammert dann in einer Lautstärke, dass sie auch noch mehrere Häuser weiter gut zu hören ist, und das stundenlang. Zwar konnte Buffy nie gut alleine bleiben, aber leider musste die Familie ein paar Mal umziehen und mit jedem Umzug wurde Buffys Verhalten schlimmer. Inzwischen ist sie vollkommen gestresst, sie kratzt an den Türen und zerstört dabei Türrahmen und Tapeten. Sie versucht sogar, aus der für sie viel zu kleinen Katzenklappe herauszukommen, so dass diese fast aus dem Mauerwerk herausgebrochen ist. Eigentlich kann sie sich gut benehmen, aber wenn sie alleine gelassen wird, sind alle Regeln vergessen. Dann springt sie sogar auf die Küchenanrichte, um von dort den Hauseingang genau im Auge zu behalten.

Buffy versucht sogar, durch die Katzenklappe nach draußen zu kommen.

Der Hundeprofi zu Besuch

Martin Rütter schaut sich zunächst einmal Buffys Verhalten an, wenn Frauchen das Haus verlässt. Buffy fällt in völlige Hysterie. Selbst wenn Frauchen nur kurz außer Haus ist, flippt sie völlig aus. Sie reagiert ebenso hysterisch, wenn Frau Klein wieder zurückkommt, und benimmt sich so, als hätte sie ihr Frauchen seit Jahren nicht gesehen. Sie springt an ihr hoch, bellt und fiept dabei und es dauert eine ganze Zeit, bis sie sich wieder beruhigt. Schon aus diesem Grund muss an dieser Situation dringend etwas verändert werden, denn Buffy leidet unter enormem Stress. Natürlich ist es auch für die Familie schön, wieder einmal beruhigt das Haus zu verlassen, ohne sich darum zu kümmern, ob sie Buffy mitnehmen können oder anderweitig unterbringen müssen. Gerade wenn man Kinder hat, kann immer wieder einmal ein Notfall auftreten, wo keine Zeit bleibt und Möglichkeit besteht, den Hund schnell irgendwo unterzubringen. Jedoch sollte im Fall Buffy die Hauptmotivation sein, ihr wieder ein stressfreies Leben zu ermöglichen.

Alleine gelassen, flippt Buffy vollkommen aus.

Auch wenn Frau Klein nur kurz draußen ist, springt und hüpft Buffy aufgeregt durch den Flur.

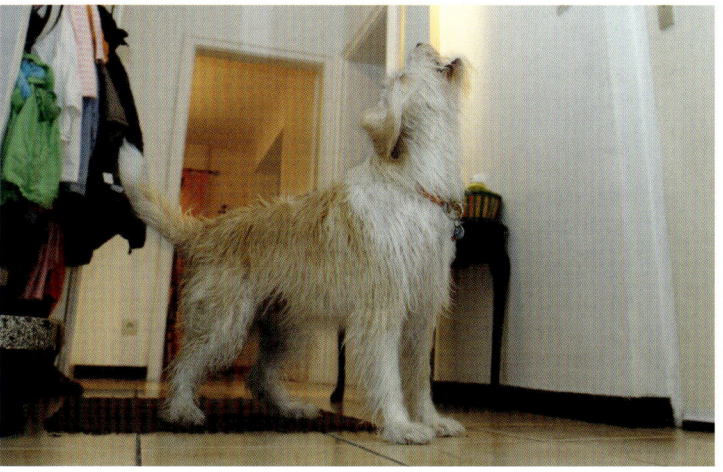

Stundenlang steht sie dann bellend und heulend vor der Haustür.

Martin Rütter schaut sich Buffys Verhalten draußen an, um die Situation vollständig beurteilen zu können.

Analyse – Trauma durch zu frühe Trennung

Buffy leidet sehr, wenn sie alleine gelassen wird.

Buffy hat durch die zu frühe Trennung von Mutter und Geschwistern ein Trauma erlitten. Dieses wurde dann unbewusst verstärkt, indem Familie Klein sich besonders intensiv um die Hündin kümmerte. Sie wurde dadurch zu stark auf den Menschen geprägt, und da nicht von Anfang an in kleinen Schritten das Alleinbleiben trainiert wurde, fällt sie jetzt jedes Mal in Panik. Bedingt durch die Umzüge, wurde sie sehr unsicher, das Fehlen der vertrauten Umgebung steigerte die Problematik und führte dazu, dass Buffy das Verhalten immer mehr ritualisierte. Das weitere Vorgehen muss in kleinen Schritten geschehen, da eine zu starke Veränderung in aller Regel eine noch größere Verunsicherung zur Folge hat.

Training – Schritt für Schritt mehr Sicherheit

Zunächst kann man dem Hund in kleinsten Schritten beibringen, auch einmal ohne seinen Menschen auszukommen. Da reicht es schon, die Zimmertür hinter sich zu schließen, um sie direkt danach sofort wieder zu öffnen. Der Hund soll die Erfahrung machen, dass sein Besitzer gleich wieder auftaucht, selbst wenn er ihn kurz nicht sehen kann. Und damit sich beim Hund erst gar keine Unsicherheit breit machen kann und er anfängt zu leiden, ist der Mensch schon wieder da, bevor er überhaupt begriffen hat, was los ist. Viele Hunde machen im Grunde die Erfahrung, dass sie ihrem Menschen den ganzen Tag innerhalb der Wohnung hinterherlaufen dürfen. Kommt es nun jedoch zu der Situation, dass der Mensch das Haus alleine verlässt, ist die Veränderung oft viel zu groß für den Hund. Hält er es nach einigen Trainingseinheiten aus, 10 bis 30 Sekunden alleine in einem anderen Zimmer zu bleiben, ohne Stress oder Angst zu entwickeln, ist der Zeitpunkt noch lange nicht gekommen, das Haus zu verlassen. Damit Frau Klein einen genauen Überblick über das Training und Buffys Fortschritte hat, hält sie jede kurze Übungseinheit in einem Tagebuch fest. Sie notiert den Zeitpunkt, die Dauer und Buffys Verhalten.

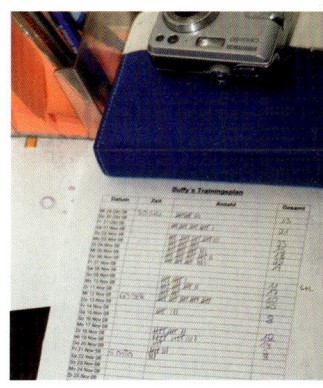

Frau Klein führt Buch darüber, wie oft sie täglich das kurze Alleinbleiben mit Buffy geübt hat.

 Wichtig

Abschied und Begrüßung

Machen Sie nicht die beiden grundlegenden Fehler, sich mit ein paar netten Worten zu verabschieden und mit großem Lob wieder aufzutauchen. Erstes führt dazu, dass der Hund nur unnötig lernt, dass Ihre Worte etwas Negatives zur Folge haben, denn Sie tun ja das, was er nicht mag: Sie lassen ihn allein. Das Zweite erschwert dem Hund das Alleinbleiben insofern, als dass danach immer etwas ganz Besonderes, eine wilde Begrüßungsarie folgt, auf die es sich „engagiert" zu warten lohnt und die den Hund schon vorher in große Aufregung versetzt. Am besten ist, in der ersten Phase des Trainings kommentarlos zu gehen und zu kommen.

Martin Rütter bespricht mit Frau Klein das weitere Training, die ersten Schritte sind geschafft.

Verlassen der Wohnung

Erst wenn Sie von einem Zimmer ins andere laufen und die Tür hinter sich für ca. zehn Minuten schließen können, Ihr Hund dabei ganz entspannt zurückbleibt, können Sie an das Verlassen der Wohnung denken. Und hier ist es absolut effektiv und sinnvoll, ebenfalls in kleinsten Schritten zu beginnen. Machen Sie nicht den Fehler und starten gleich mit einigen Minuten, da Ihr Hund dies bereits kennt. Zum einen ist das Verlassen des Hauses für Ihren Hund eine komplett andere Situation, da Sie nun das Haus wirklich verlassen. Zum anderen hat Ihr Hund in dieser Situation schon die Erwartungshaltung, dass für ihn etwas Negatives, sprich Alleinbleiben folgt. Deshalb sollten Sie auch hier in winzig kleinen Teilschritten beginnen, wie Sie es innerhalb der Wohnung beim Verlassen der Zimmer getan haben.

Ein Platz zum Wohlfühlen

Vielen Hunden hilft es auch, eine Art Höhle zu Hause zu haben, die ihnen Sicherheit bietet und in die sie sich zurückziehen können. Das kann ein Körbchen, eine Transportbox, eine Zimmerecke oder Ähnliches sein. Der Hund muss diesen Platz allerdings vorher schon als Zufluchtsort erfahren haben, damit er gezielt eingesetzt werden kann. Handelt es sich um eine Transportbox, muss diese unbedingt stabil und gut befestigt sein. Denn es darf auf keinen Fall passieren, dass die Box umfällt oder wackelt, wenn sich der Hund darin aufhält.

Buffy entspannt sich auf ihrem Liegeplatz. Nicht einmal die Kamera stört sie.

Info

Auslösereize löschen

Weiterhin lassen sich bestimmte Auslöser umkonditionieren. Ist für den Hund schon das Jackeanziehen und Zum-Schlüssel-Greifen mit der Vorstellung verbunden, dass er nicht mitgenommen wird, sollten Sie etliche Male am Tag die Jacke anziehen oder die Schlüssel in die Hand nehmen, ohne dass Sie gehen. Der Hund gerät so jedes Mal in eine Erwartungshaltung, die aber nicht bestätigt wird. Hält man dies einige Wochen durch, lernt der Hund, dass sein Mensch mal wieder in der Wohnung spazieren geht, wozu also in Panik verfallen. Bitte widerstehen Sie, Ihren Hund verbal oder mit Futter zu belohnen, weil er in diesem Fall nicht auf den Reiz reagiert hat. Ihr Hund wird sonst mit dem Schlüssel oder der Jacke für ihn zwar nichts Negatives wie das Alleinbleiben mehr verbinden, aber doch eine Erwartungshaltung an diese Reize entwickeln. Sprich, Sie versetzen ihn in Erregung nach dem Motto: „Aha, der Schlüssel klimpert, also gibt's jetzt etwas.“ Ziel ist aber, diese Reize zu löschen.

Der Hund erwartet von einer Sicherheitszone, dass diese auch wirklich Schutz bietet. Wenn er sich vor ihr erschreckt, und das auch noch in einem Moment, in dem er sowieso schon Angst hat, wird er sehr stark verunsichert.

Buffy fühlt sich wohl und sicher auf ihrem Platz.

Der Hundeprofi beobachtet Buffys Verhalten, wenn Frau Klein das Haus verlässt. Buffy bleibt inzwischen entspannt im Flur liegen.

Nach dem zweiten Besuch ist Martin Rütter sehr zufrieden mit Frau Klein, sie hat fleißig trainiert. Frau Klein verlässt das Haus für zwei Minuten und Buffy bleibt ganz entspannt auf dem Teppich im Flur liegen! Sie fiept und jammert nicht, sondern legt sogar den Kopf ab, ein Zeichen von Entspannung. Nach einiger

 Info

Was bedeutet Gähnen beim Hund?

Gähnen gehört nicht, wie häufig angenommen, zu den Beschwichtigungssignalen der Hunde. Hunde gähnen aus verschiedenen Gründen: Zum einen, weil sie einfach müde sind, zum anderen aber auch, weil sie Stress haben. Ein Beschwichtigungssignal ist immer an jemand anderen gerichtet, man möchte damit erreichen, dass der andere friedlich gestimmt wird. Hunde gähnen aber auch in Abwesenheit anderer Lebewesen, zum Beispiel wenn sie unter Stress stehen. In diesem Fall ist niemand anwesend, der beschwichtigt werden könnte. Daher macht es auch keinen Sinn, sich neben einen unsicheren und gestressten Hund zu setzen und zu gähnen, wie häufig empfohlen wird. Denn wie sollte ihm das helfen? Schließlich würde man ihm damit nur signalisieren, dass man selbst auch Stress in dieser Situation hat und sich unsicher fühlt. Hilfe sucht man aber nur bei jemandem, der Sicherheit geben kann.

Martin Rütter ist zufrieden mit Buffys Fortschritten.

Zeit gähnt sie zwar einmal, was darauf hinweist, dass sie immer noch Stress hat, aber er ist auf ein erträgliches Maß reduziert. Auch als Frau Klein wieder hereinkommt, hält sich Buffys Aufregung in Grenzen.

Ohne Unterbrechung zum Erfolg

Das Training der letzten vier Wochen hat sich gelohnt. Buffy hat gelernt, dass das Alleinbleiben grundsätzlich nicht negativ ist, die Zeitabstände zwischen dem Kommen und Gehen können nun relativ schnell ausgedehnt werden. In den nächsten sechs bis acht Wochen kann Frau Klein die Zeit des Alleinbleibens bis auf 30 Minuten ausdehnen.

Familie Klein muss jetzt nur noch durchhalten und die Zeiten des Alleinbleibens ständig variieren und schrittweise verlängern. Das Training darf auf keinen Fall unterbrochen werden, indem Buffy zum Beispiel wieder für lange Zeit alleine gelassen wird. Aber auch die andere Variante würde sich negativ auf das bereits Erreichte auswirken. Würde Buffy jetzt eine Zeitlang gar nicht mehr alleine gelassen, wie es zum Beispiel in Urlaubszeiten häufig der Fall ist, würde das Verhalten noch schlimmer gezeigt werden als vor Trainingsbeginn.

Lassen Sie Ihren Hund auch im Urlaub immer wieder einmal allein und beschäftigen Sie sich nicht den ganzen Tag mit ihm. Denn sonst kann es sein, dass sich nach dem Urlaub Verhaltensweisen wie „stundenlanges Bellen" oder „Zerstören von Türen oder Möbeln" etablieren.

Taps –
kleiner Hund ganz groß

Vorgeschichte – ein Hund als Beschützer

Nähert man sich dem Haus von Familie Aehnelt, wird man von lautstarkem Gebell empfangen. Die Tür öffnet sich und heraus springt ein kleiner, laut bellender Hund. Taps ist ein vier Jahre alter Rehpinscherrüde, der von Welpe an bei Familie Aehnelt lebt. Da Frau Aehnelt oft alleine zu Hause ist, sollte ein Hund im Haus ihr Sicherheit und Schutz bieten. Da jedoch ein großer Hund, wie zum Beispiel ein Dobermann, von den älteren Menschen nicht mehr gut gehalten werden konnte, entschied man sich für einen Rehpinscher. Vom Aussehen her einem Dobermann sehr ähnlich, doch ein paar Gewichtsklassen weniger! Der kleine Hund gibt Frau Aehnelt aber nicht nur Sicherheit, er ist auch Freund und Tröster. Wenn sich Frau Aehnelt mit Taps unterhält, hat sie das Gefühl, dass er ihr wirklich zuhört und sie auch versteht, denn er dreht dabei das Köpfchen hin und her und ist ganz aufmerksam.

Problem – Taps regiert die Welt

Martin Rütter ist gespannt auf die erste Begegnung mit Taps.

Taps nimmt seine Aufgabe sehr ernst, Besucher können nicht einfach so in das Haus hineinkommen. Bewegen sie sich zu schnell, kann es sein, dass er in ihre Füße beißt. Aber auch Familie Aehnelt ist vor seinen Attacken nicht sicher: So verteidigt er sein Spielzeug und auch sein Futter vehement. Geht ein Mitglied der Familie an seinem gefüllten Futternapf vorbei oder nähert sich dem Spielzeug, das auf seiner Decke liegt, schießt er vor und schnappt. Aber auch wenn Frau Aehnelt ihn verwöhnen will und ihn zu sich auf das Sofa holt, um mit ihm zu schmusen, schnappt er nach ihrer Hand. Er beißt jedoch nicht fest zu, zumindest ist noch nie Blut geflossen, weshalb die Familie seine Attacken auch nicht ernst nimmt. Verletzen will er ja niemanden!
Das Familienleben leidet jedoch immer mehr. In der Nacht liegt Taps in seinem Körbchen im Schlafzimmer und auch hier zeigt er deutlich, wer das Sagen hat. Bewegt sich einer der Aehnelts,

Der Hundeprofi im Gespräch mit Familie Aehnelt.

fängt er an zu knurren, und wenn gar einer der beiden aufstehen will, ist er sofort zur Stelle und schnappt nach den
Füßen. Zudem hat er seit einiger Zeit angefangen, in der
Wohnung zu markieren – vorzugsweise am Abfalleimer in
der Küche und an der Heizung im Wohnzimmer. Um dieses
Verhalten zu unterbinden, hatte Frau Aehnelt die Idee, Taps
einen Kinder-Body anzuziehen. Diesen „Schlafanzug" trägt
Taps nun nachts und seitdem ist zumindest die Wohnungs-
einrichtung sicher.
Die ersten Anzeichen für diese Probleme wurden bei Taps
bereits im Alter von sechs Monaten sichtbar. Seit er ge-
schlechtsreif geworden ist, meint er, im Haus alle Dinge regeln
zu müssen. Familie Aehnelt dachte, dass sich sein Verhalten
verändern würde, wenn Taps erst einmal erwachsen und vernünftig wäre, aber das Gegenteil war der Fall: Es wurde immer
schlimmer. Daher suchen sie nun Rat bei Martin Rütter.

Der Hundeprofi zu Besuch

Martin Rütter schaut sich zunächst einmal den Alltag von Familie Aehnelt an und schnell wird klar, wo hier das Problem liegt. Taps zeigt mit seinem Verhalten deutlich, wie unangenehm es ihm ist, wenn er festgehalten und eingeengt wird. Er wird dabei ganz steif, legt die Ohren an, und seine Pupillen weiten sich. Da er aber mit diesem Verhalten nicht erreicht, dass Herr oder Frau Aehnelt ihre Handlung einstellen, bleibt ihm nichts weiter übrig, als nach vorne zu gehen.

Für Familie Aehnelt ist das Kuscheln auf dem Sofa mit Taps sehr wichtig.

Taps ist ein kleiner und sensibler Hund, mit dem man sehr ruhig und vorsichtig umgehen muss. Wenn Frau Aehnelt ihm den Schlafanzug anzieht, streift sie ihm diesen jedoch relativ ruppig über den Kopf und hält ihn dabei an der Rute fest. Herr Aehnelt tätschelt Taps gerne von oben auf den Kopf. Der Rüde nimmt dann den Kopf zur Seite und versucht, sich zu entziehen. Leider versteht jedoch keiner in der Familie seine Signale.

Besitzansprüche

Taps zeigt deutlich, dass er das Haus und sämtliches Inventar als seinen Besitz ansieht. Er verteidigt nicht nur sein Futter und Spielzeug, er markiert auch seinen Besitz. Und das nicht nur durch Urin! Kommen Besucher, streicht er ganz eng an den Menschen entlang und schubbert sich an ihren Beinen. Auch das Sofa und die Hauswand werden so mit seinem Geruch markiert, wie ein dunkler Streifen entlang der Hauswand deutlich macht.

Info

Beschwichtigungssignale

Wenn Hunde sich bedroht fühlen, reagieren sie darauf oft mit beschwichtigenden Signalen. Sie zeigen damit dem Gegenüber, dass sie nicht auf eine Konfrontation aus sind und dem Konflikt gerne aus dem Weg gehen würden. Diese Signale sind also dafür da, den vermutlich drohenden Angriff eines Gegenübers abzuwenden.

Als Beschwichtigungssignal zählt bei Hunden zum Beispiel das Wegdrehen des Kopfes oder aber auch nur das Abwenden des Blickes sowie das Anlegen der Ohren. Auch das sogenannte Pföteln, also das vorsichtige Anheben der Pfote, gehört in diesen Bereich. Oft werden hier noch weitere Signale genannt, wie zum Beispiel das Schnüffeln am Boden oder aber die Vorderkörpertiefstellung. Diese Signale sind jedoch eher Übersprungshandlungen. Zwar wird durch das Durchführen einer vollkommen anderen Handlung oft auch eine Beruhigung der aggressiven Situation erreicht, jedoch gilt hier die Bedeutung nicht im Sinne der Beschwichtigung des Gegenübers.

Kommt ein Mensch nun in eine Konfliktsituation mit einem Hund, macht es Sinn, Beschwichtigungssignale zu verwenden, um den Hund von einem Angriff abzubringen. Im Gegensatz dazu macht die Anwendung dieser Signale durch den Menschen keinen Sinn, wenn der Hund sich vom Menschen bedroht fühlt und dies durch Beschwichtigungssignale zeigt. Hier muss der Mensch vielmehr den Druck aus der Situation nehmen.

Taps markiert „sein" Haus, indem er sich an der Hauswand reibt.

Taps kuschelt sich – fertig für die Nacht – in sein Körbchen.

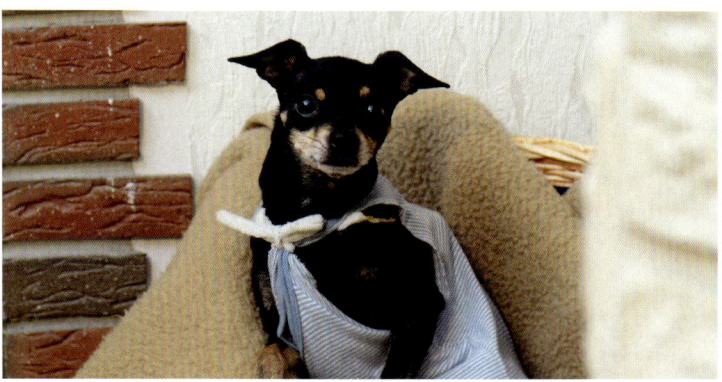

Analyse – Flucht nach vorn

Die gut gemeinten Streicheleinheiten wurden für Taps oft eher zu einem Zwang, denn das Festgehaltenwerden findet er sehr unangenehm. Dies hat er den Menschen auch deutlich durch seine Körpersprache und sein beschwichtigendes Verhalten gezeigt. Da aber keiner diese Signale verstanden hat, blieb ihm nichts anderes übrig, als aggressiv nach vorne zu gehen. Zudem ist Taps der Meinung, dass er einen hohen Status in der Familie hat. Ziel eines Trainings wird hier zum einen sein, die Gefahr für die Menschen zu verringern, denn Taps kann durchaus auch einmal richtig zubeißen. Weiterhin soll aber auch der Stress für die Menschen und vor allem für Taps reduziert werden, denn ein solches Zusammenleben ist für beide Parteien ziemlich anstrengend.

Training – Regeln für Mensch und Hund

Zunächst einmal muss Familie Aehnelt lernen, Taps Körpersprache zu lesen. Handlungen, bei denen er Anzeichen zeigt, dass sie ihm unangenehm sind, müssen sie verändern. So sollen sie ihn eher seitlich streicheln und den Schlafanzug ganz ruhig und vorsichtig anziehen. Dabei bekommt er sein Futter in nächster Zeit nur aus der Hand, und zwar immer dann,

Info

Status demonstrieren

Individualdistanz
Ranghohe Tiere bestehen in unterschiedlichsten Situationen auf die
Einhaltung ihrer Individualdistanz und entscheiden, wer in diese
eindringen darf und wer nicht – beispielsweise durch das Nichtzu-
lassen von pflegender Dominanz, Streicheln oder Bürsten.

Besitzanzeigendes Verhalten
Hunde benutzen Gegenstände, um Besitz (Privileg) anzuzeigen.

Markieren
Markiert wird unter anderem, um einen Territorialanspruch zu
erheben oder um einen hohen sozialen Status zu demonstrieren.

wenn er auf ein Signal der Menschen gehört hat oder aber eine
unangenehme Sache wie das Anziehen des Schlafanzuges ohne
Aggression ertragen hat. Dadurch wird diese Handlung für ihn
positiv verstärkt und er hat zudem kein Futter mehr frei zugäng-
lich herumstehen, das er verteidigen könnte.
Hinzu kommen einige Veränderungen im Alltag. Taps darf
nicht mehr mit auf das Sofa und nachts schläft er im Körbchen
im Wohnzimmer. Wenn Besuch kommt, darf er nicht mehr mit
nach unten an die Haustüre und als Erster den Besuch begrüßen. Er muss oben im Wohnzimmer warten, bis Herr oder Frau
Aehnelt den Besuch hereingelassen haben.

Frau Aehnelt zieht Taps vorsichtig seinen Schlafanzug
an. Zur Belohnung gibt es
dann ein Leckerchen.

Info

Ein optimaler Schlafplatz

Er befindet sich zum Beispiel im Wohnzimmer und dort in einer Ecke ohne Blick auf die Tür, also an einer möglichst strategisch unwichtigen Stelle. Denn schließlich soll sich nicht der Hund um das Abchecken von Besuchern kümmern, dies regelt der Mensch für ihn. Zudem gehen hier auch nicht ständig alle Familienmitglieder oder Besucher vorbei. Dies ist wichtig, damit der Hund auch wirklich abschalten und sich entspannen kann. Am besten nimmt man eine Decke oder einen Korb. Natürlich kann der Hund auch in einer Box schlafen, wenn er zuvor daran gewöhnt wurde. Normalerweise darf der Hund nachts mit ins Schlafzimmer, auch dort sollte ein Korb für ihn bereitstehen. Der Hund ist ein Rudeltier. Und das Rudel bleibt auch nachts zusammen – man bietet sich gegenseitig Schutz. Eine Gruppe hört viel mehr als ein einzelnes Mitglied und eine Gruppe ist viel wehrhafter als ein Einzelner. Deswegen ist es für den Hund nur logisch, dass er nachts mit ins Schlafzimmer kommt. Taps jedoch durfte nicht weiter im Schlafzimmer schlafen, da er hier die Menschen bei jeder Bewegung korrigiert hat. Durch das Entziehen des Kontaktes können Mensch und Hund nun endlich in Ruhe schlafen.

Taps liegt jetzt oft in seinem Körbchen.

Herr Aehnelt schickt Taps in sein Körbchen, auf das Sofa darf er erst einmal nicht mehr.

Klare Regeln für Taps

Schnell zeigen sich Erfolge im Training. Taps wird allgemein
ruhiger und entspannter, denn Familie Aehnelt hält sich kon-
sequent an die Anweisungen von Martin Rütter. Schon beim
nächsten Besuch sieht man, dass Mensch und Hund nun
harmonisch miteinander umgehen, selbst das Anziehen des
Schlafanzuges ist kein Problem mehr für beide. Auch Futter
oder Spielzeug kann Frau Aehnelt Taps wegnehmen, ohne dass
er sie anknurrt. Taps liegt entspannt in seinem Körbchen, und
wenn Besuch kommt, bleibt er oben und wartet. Selbst wenn
er doch noch einmal mit nach unten flitzt, kann Frau Aehnelt
ihn mit einem Signal wieder nach oben rufen. Das wäre vor
dem Training undenkbar gewesen.

Ab sofort darf Taps nun auch wieder ab und an mit auf das Sofa
zum Kuscheln. Wichtig ist aber, dass die Menschen entscheiden, wann er hinauf darf. Sie bestimmen die Regeln im Zusammenleben, und sie schicken Taps auch wieder hinunter, wenn
es genug ist.

Die Veränderungen im Alltag sind Familie Aehnelt sehr schwer
gefallen, da sie gerne mit ihrem Hund kuscheln und ihn verwöhnen. Sie haben aber verstanden, dass ihr Verhalten Stress
für Taps bedeutet, und sich an den Trainingsplan gehalten.
Wichtig ist es jetzt, nicht wieder in alte Rituale zurückzufallen.

Hundeprofi Martin Rütter ist
zufrieden mit den Fortschritten von Taps. Er bespricht
mit Herrn Aehnelt, wie es
nun weiter geht.

Henry –
der kleine Charmeur

Vorgeschichte – jeder Wunsch wird erfüllt

So klein wie Henry auch ist, er macht auf sich aufmerksam. Der anderthalb Jahre alte Mopsrüde ist Frauchens Liebling und nutzt diesen Umstand in vollem Umfang aus. Julia Frede ist stets um das Wohlergehen ihres kleinen Hundes besorgt. Hat er einen Wunsch, wird dieser sobald wie möglich erfüllt. Schließlich soll es ihm doch gut gehen.

Hat Henry Lust auf ein Spiel, kommt er mit seinem Stofftier zu Frauchen gelaufen und legt es vor ihre Füße. „Komm, lass uns spielen!" Und da es ja auch Spaß macht, geht Julia begeistert darauf ein. Und wenn die beiden abends gemütlich auf dem Sofa liegen, zeigt Henry durch kräftiges Anstupsen, dass er jetzt eine Streicheleinheit vertragen könnte.

Problem – Verfolger auf Schritt und Tritt

Henry ist ein pfiffiger Mops-rüde, der es faustdick hinter den Ohren hat!

Manchmal wird Frau Frede Henrys Verhalten aber doch zu viel. Denn kommt sie seinen Wünschen und Forderungen nicht sofort nach, fängt er an zu jammern und zu fiepen. Möchte er nach draußen und sie öffnet die Tür nicht schnell genug, springt er daran hoch. Zudem lässt er Frauchen nicht aus den Augen, er verfolgt sie auf Schritt und Tritt. Selbst auf die Toilette darf sie nicht allein gehen, denn sperrt sie ihn aus, fängt er vor der Tür ein Riesentheater an.

Zum richtigen Problem wird dieses Verhalten aber erst, wenn Julia Frede mit Henry unterwegs ist. Denn Henry hat es eigentlich wirklich gut: Er darf Frauchen mit zur Arbeit begleiten. Dort darf er frei herumlaufen, die Kollegen besuchen und mit den Hunden der anderen Mitarbeiter spielen. Ein Traum für jeden berufstätigen Hundehalter. Aber auch im Büro möchte Henry Frauchens ungeteilte Aufmerksamkeit. Ständig sitzt er neben ihr und jammert, so dass die Kollegen manchmal schon genervt reagieren. Daher macht Frau Frede auch alles, damit Henry zufrieden ist. Morgens bekommt er als Erstes ein Schälchen Futter zubereitet, damit er sich nach der Anfahrt ins Büro

Auch Martin Rütter kann sich Henrys Charme nicht entziehen.

erst einmal satt fressen kann. Darauf besteht Henry auch, klar, er hat ja Hunger. Zwar liegen auf dem Boden verteilt diverse harte Hundekekse herum, diese sind jedoch scheinbar nicht nach seinem Geschmack. Wenn ihm zu langweilig wird, besuchen die beiden die Kollegin Conny Busch mit ihrem Labrador Max.

Julia Frede und Henry besuchen die Kollegin Conny Busch und ihren Labrador Max. Der Hundeprofi schaut sich Henrys Verhalten dabei genau an.

Die beiden Hunde spielen gerne miteinander, und Frau Busch hat auch immer ein Leckerchen für Henry in ihrer Schublade liegen. Und da Henry ein cleverer Hund ist, hat er sich das längst gemerkt, so dass er direkt nach der Begrüßung von Max zur Schublade rennt und sich davor setzt. Denn dann gibt es die begehrte Leckerei. Hat Frau Frede einen Termin und kann sich nicht um die Wünsche ihres kleinen Lieblings kümmern, macht Henry lautstark auf sich aufmerksam. Dabei ist ein konzentriertes Arbeiten so gut wie unmöglich. Und auch im Büro kann Frau Frede nicht ohne Henry weggehen, jeder Gang auf die Toilette wird allen Kollegen lautstark angezeigt.

Der Hundeprofi zu Besuch

Eigentlich hat sich Julia Frede an Martin Rütter gewandt, da sie befürchtete, Henry hätte Angst vor dem Autofahren. Anfangs war dies kein Problem, der kleine Welpe durfte meistens vorne auf dem Beifahrersitz oder sogar auf Frauchens Schoß mitfahren. Seit Frau Frede Henry aber der Sicherheit wegen auf dem Rücksitz unterbringt, angeschnallt mit einem Geschirr, ist die Hölle los. Henry jammert und schreit, er springt am Sitz hoch und ist vollkommen aufgebracht.

Daher stand zunächst einmal eine Autofahrt auf dem Trainingsprogramm, denn Martin Rütter wollte sich ein Bild von Henrys

Verhalten machen. Die Körpersprache zeigte ihm aber schnell, dass Henrys Verhalten nicht durch Angst ausgelöst wird. Denn Henry zeigte keinerlei Anzeichen von Angst, wie zum Beispiel Hecheln, Zittern oder panische Blicke, vielmehr protestierte er lautstark und sehr von sich überzeugt.

Analyse – ein Hund ohne Frustrationstoleranz

In einem Gespräch erfuhr Martin Rütter dann, wie sich Henry während des Tages verhält und so war relativ schnell klar: Henry ist einfach ein verwöhnter Hund! Sein ganzes Leben lang hat er immer das bekommen, was er wollte. Dieser Umstand führte dazu, dass er nun eine große Frustrationsintoleranz zeigt. Sobald etwas nicht so läuft, wie er das gerne hätte und wie er es gewohnt ist, macht er lautstark darauf aufmerksam. Außerdem ist er im Laufe der Zeit zu der Überzeugung gekommen, dass er auch auf Frauchen aufpassen muss. Schließlich trifft er ja auch sonst alle Entscheidungen, da kann man Frauchen nicht einfach alleine durch die Gegend laufen lassen. Er kontrolliert sie auf Schritt und Tritt. Dass dies für den kleinen Hund aber auch sehr belastend ist, zeigt Henry deutlich. Er findet einfach keine Ruhe und ist daher sehr oft am Rande der

 Wichtig

Der Mühe Lohn

Das Wohl des Hundes sollte bei einem Training immer im Vordergrund stehen. Erst wenn der Mensch verstanden hat, dass er durch eine Veränderung seines Verhaltens dazu beiträgt, dass es dem Hund besser geht, macht ein Training wirklich Sinn. Denn ein solches Training ist für den Menschen oft nicht einfach, muss man doch von manchen lieb gewonnenen Ritualen Abstand nehmen und zumindest am Anfang auch starke Nerven besitzen. Erlebt der Mensch jedoch, wie sein Hund von Tag zu Tag entspannter wird, zeigt sich, dass der Aufwand die Mühe wert war.

Erschöpfung. Oft schläft er sogar im Sitzen ein, sich einfach einmal in Ruhe in sein Körbchen legen und entspannen kann er nicht. Als Frau Frede dieser Umstand klar wird, ist sie sehr erschrocken. Eigentlich wollte sie ihrem Hund doch nur Gutes tun und jetzt muss er durch ihr Verhalten leiden. Natürlich möchte sie auch gerne wieder einmal in Ruhe arbeiten können, aber die Hauptmotivation ist, Henry zu helfen.

Training – Agieren statt reagieren

... in der Wohnung

Das Training mit Henry startet zunächst einmal in der Wohnung. Henry muss jetzt lernen, dass er nicht immer im Mittelpunkt steht. Möchte er etwas haben, muss Frau Frede seine Forderungen ignorieren. Sie darf nicht mit ihm spielen, ihn nicht streicheln, nicht einmal mit ihm sprechen. Selbst wenn sie ihn anschaut, wenn er jammert, hat Henry bereits einen kleinen Teilerfolg erreicht, Frauchen hat reagiert. Sie hat zumindest bemerkt, dass er etwas möchte und so wird der kleine Mops

 Wichtig

Agieren

Der Leitspruch heißt also: „Agieren statt reagieren!" Denn natürlich soll Henry auch weiterhin Sozialkontakt bekommen, Frau Frede darf weiterhin mit ihm spielen und ihn streicheln, aber immer nur, wenn sie dies will.

Henry hat seinen neuen Liegeplatz schnell akzeptiert, er
bleibt sogar entspannt liegen,
wenn das Kamerateam um ihn
herum agiert.

immer weiter jammern. Selbst wenn Frau Frede mit Henry
schimpfen würde, würde sie damit auf sein Verhalten reagieren.
Zudem soll Henry lernen, dass er für sein Frauchen keine Ver-
antwortung mehr übernehmen muss. Er darf sich daher nicht
mehr auf privilegierten Liegeplätzen wie dem Sofa oder dem
Bett aufhalten. Springt er doch wieder einmal darauf, hebt Frau
Frede ihn kommentarlos herunter. Henry bekommt ein kusche-
liges Körbchen als neuen Liegeplatz zugewiesen, in den Frau
Frede ihn stattdessen schickt. Das Körbchen steht neben dem
Sofa bzw. neben dem Bett, so dass Henry immer noch in ihrer
Nähe sein darf, aber nicht er entscheidet, wo er liegt. Henry darf
sie zudem nicht mehr überall hin verfolgen, er muss draußen
warten, wenn Frau Frede ins Bad geht. Fängt er dabei an zu
jammern, ignoriert sie dieses Verhalten einfach.
Bereits nach wenigen Tagen kann Frau Frede Veränderungen
feststellen. Anfangs war es zwar hart für sie, durchzuhalten,
aber Henry hat schnell gelernt, dass er mit seinem bisherigen

Verhalten keinen Erfolg mehr hat. Und da Hunde Opportunisten sind, das heißt, sie führen ein Verhalten nur dann aus, wenn es sich für sie lohnt, stellt er nicht lohnendes Verhalten ein. Jetzt ist es wichtig, dass Frau Frede durchhält und nicht doch einmal wieder schwach wird. Denn dann wirkt das Prinzip der variablen Verstärkung: Ein Verhalten, das nur ab und an belohnt wird, zeigt der Hund noch öfter und ausdauernder!

... im Auto

Damit Henry nicht weiterhin im Auto nervt, soll Frau Frede das Autofahren in nächster Zeit erst einmal vermeiden. Da sie die Möglichkeit hat, mit Bus und Bahn zur Arbeitsstelle zu gelangen, ist dies auch kein Problem. Würde man auch in diesem Bereich direkt mit einem Training beginnen, könnte dies Henry überfordern. Denn verändern sich plötzlich alle Lebensumstände, kann das beim Hund zu einer großen Verunsicherung führen. Daher muss man in kleinen Teilschritten trainieren. Julia Frede kann in einem nächsten Schritt anfangen, das Autofahren mit Henry zu trainieren. Hierfür sind zunächst einmal kurze Fahrten nötig, Henry soll lernen, im Auto zu entspannen. Frau Frede fährt also zunächst einmal ein kurzes Stück und macht dann eine Pause. Beim Anhalten dreht Henry erst richtig auf, denn früher ging es schließlich sofort los und er konnte etwas Spannendes erleben. Jetzt bleibt Frau Frede einfach im Auto sitzen und wartet. Kommt Henry zur Ruhe, weil er merkt, dass keine Aktion angesagt ist, fährt Frau Frede wieder nach

Martin Rütter interessiert auch Henrys Verhalten außerhalb des Hauses.

> 💡 **Wichtig**
>
> **Sicherheit im Auto**
>
> Die Sicherung des Hundes im Auto ist sehr wichtig, denn ein ungesicherter Hund kann zur Gefahr für alle Mitfahrenden werden. Muss der Mensch plötzlich bremsen, fliegt der Hund wie ein Geschoss durch das Auto! Daher fährt ein Hund entweder im hinteren Teil des Autos mit – gesichert durch ein Gitter bzw. Netz oder untergebracht in einer fest stehenden Box – oder aber auf dem Rücksitz, mit einem Geschirr angeschnallt.

Henry wickelt mit seinem Blick jeden um die Pfote!

Hause. So wird das Autofahren Schritt für Schritt zu etwas „Normalem" und „Alltäglichem". Henry lernt, dass er erst aussteigen darf, wenn er ruhig ist. Da aber nicht immer ein Spaziergang auf dem Programm steht, verliert die Autofahrt für ihn an Bedeutung. Und weil Henry ja keine Angst vor dem Autofahren gezeigt hat, braucht Frau Frede das Autofahren für Henry auch nicht positiv zu verstärken, indem Sie ihn zum Beispiel im Auto füttert oder dort mit ihm spielt. Damit würde sie nämlich genau das Gegenteil erreichen: Henry würde durch die spannende Aktion immer aufgeregter werden.

Stehen doch einmal längere Fahrten an, setzt Frau Frede Henry vorübergehend in den Fußraum des Beifahrersitzes, denn hier verhält er sich ruhig.

Henry ist ein junger Hund, der beschäftigt werden muss, damit er keinen Unsinn anstellt.

... im Büro

Beim nächsten Training stehen Veränderungen im Büro an. Henry bekommt natürlich auch hier keine Aufmerksamkeit mehr von Frauchen, wenn er unerwünschtes Verhalten zeigt. Aber auch die Kollegen müssen mitarbeiten. Auch sie müssen seine Forderungen ignorieren! Zudem dürfen sie ihm keine Leckerchen mehr geben, denn Henry soll in nächster Zeit sein Futter ausschließlich von Frau Frede bekommen. Und Frau Frede muss dafür sorgen, dass ihr Mops beschäftigt wird. Denn Henry ist noch ein sehr junger Hund, der viel Aktivität benötigt. Da reicht ein Spaziergang, selbst wenn er über zwei Stunden geht, nicht aus. Denn ein Spaziergang sorgt lediglich für die körperliche Auslastung, Henry muss aber auch geistig beschäftigt werden.

Frau Frede hofft, bald wieder in Ruhe arbeiten zu können.

Der Hundeprofi bespricht mit Frau Frede das weitere Training im Büro.

Für dieses Training nutzt Martin Rütter Henrys Futter. Bisher hat er Nassfutter bekommen, welches für ein Training jedoch eher ungeeignet ist, da man es nicht in viele kleine Portionen aufteilen kann.

Henry bekommt sein Futter nun also nicht mehr morgens als erste Handlung im Büro, sondern über den ganzen Tag verteilt. Hierfür eignet sich Trockenfutter, denn davon kann man immer mal wieder ein paar Brocken nehmen und eine kleine Übung machen. Gerade am Anfang ist dies besonders wichtig, denn schließlich muss Henry neue Übungen in vielen Wiederholungen erlernen. Später kann man dann das Training auch in zwei oder drei Blöcke über den Tag verteilt aufteilen und dementsprechend auch die Futterportionen gestalten.

Henry wartet gespannt auf die Aktionen im Büro.

 Info

Nassfutter

Auch Hunde können Zahnprobleme bekommen! Daher ist neben einer täglichen Zahnkontrolle vor allem die Zahnpflege wichtig. Hunde, die ausschließlich mit Nassfutter ernährt werden, neigen schnell zu Zahnsteinbildung. Hier muss man den Hunden zum Ausgleich Kauartikel anbieten, diese kräftigen die Kaumuskulatur und beugen Zahnstein vor.

Info

Regelmäßige Futterzeiten

Grundsätzlich sollte man einen Hund nicht immer zur gleichen Zeit füttern. Unregelmäßige Futterzeiten sind zum einen „natürlich", denn auch draußen in der Natur kommt der Hase ja nicht immer
um 17 Uhr angelaufen, damit der Hund ihn fressen kann. Zum anderen bedeuten sie aber auch
eine Erleichterung für Hund und Mensch. Denn nicht immer kann der Mensch seinen Tagesablauf
vollständig nach dem Hund richten. Ist der Hund jedoch eine feste Uhrzeit gewohnt, besteht die
Gefahr, dass er den Menschen im Falle der Nichtbeachtung dieser Regel empört darauf hinweist.
Und das kann ganz schön nervend sein. Aber auch für den Hund ist dieses Verhalten stressig.
Zudem bekommt er oft auch ein gesundheitliches Problem, er produziert in Erwartung des Futters
eine große Menge an Magensäure. Dies führt dann dazu, dass er sich oft übergeben muss. Weiß
er jedoch nicht, wann es Futter gibt, wird er entspannt mit Veränderungen umgehen können.
Übrigens erleidet ein Hund auch nicht direkt Hunger, wenn einmal eine Portion am Tag ausfällt
oder um ein paar Stunden verschoben wird.
Wasser muss dagegen immer zur Verfügung stehen! Das beste Beispiel dafür, dass Hunde diese
Art der Fütterung problemlos vertragen, sind die Hunde der Obdachlosen. Sie bekommen immer
dann Futter, wenn gerade etwas vom Essen der Menschen für sie abfällt. Und in der Regel sind
diese Hunde sehr entspannt.

Erwünschtes Verhalten belohnen

In der ersten Übungseinheit soll Henry lernen, dass es sich
lohnt, ruhig zu sein. Frau Frede legt sich dafür eine Handvoll
Trockenfutter auf den Schreibtisch. Immer wenn Henry nun
ruhiges und abwartendes Verhalten zeigt, spricht sie ihn mit

Frau Frede trainiert mit
Henry Futtersuchspiele im
Büro.

Namen an und wirft ihm ein Stück Trockenfutter auf den Boden.
Frau Frede muss hier nun aber sehr genau sein und anfangs die
kurzen Zeiten, die Henry ruhig ist, abpassen. Denn spricht sie
ihn zu spät an, also dann, wenn er gerade wieder angefangen
hat zu jammern, würde sie das Jammern belohnen und es damit
verstärken! Hier ist genaues Timing gefragt. Die Belohnung
muss auch direkt erfolgen, denn sonst kann Henry sie nicht
mehr mit dem ruhigen Verhalten verknüpfen. Hier hat man ein
Zeitfenster von etwa zwei Sekunden, innerhalb dieser Zeit muss
man reagieren. Daher liegt das Futter auch griffbereit auf dem
Schreibtisch.

Das Trockenfutter kann Frau Frede nun mit der Zeit immer
weiter wegwerfen, so dass Henry hinterherjagen muss. So wird
aus der Übung schnell ein kleines Jagdspiel. Vielleicht muss er
sogar einmal richtig seine Nase einsetzen und das Futter suchen,
da es so weit weggeflogen ist, dass er es nicht mit den Augen
verfolgen konnte. Mit dieser Beschäftigung erreicht Frau Frede
drei Dinge auf einmal:

> Henry lernt, dass nur ruhiges Verhalten zu einer Belohnung
  führt.
> Henry wird über den Tag geistig beschäftigt, denn ein jun-
  ger Hund kann nicht acht Stunden lang im Körbchen neben
  Frauchen liegen und warten, bis der Arbeitstag beendet ist.
> Henry wird sich nun häufiger bei Frau Frede aufhalten und
  die anderen Kollegen nicht mehr ständig belästigen, da es ja
  nun in Frauchens Büro immer wieder einmal spannend ist.

 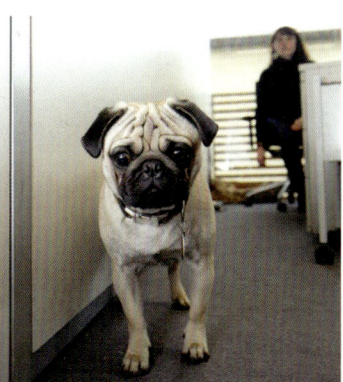

Henry ist von Frauchens Spiel
begeistert.

Cäsar – ein Riese
ist kaum zu halten

Familie Heinrich mit Riesenschnauzer-Berner Sennen-
hund-Mischling Cäsar.

Martin Rütter begutachtet
zunächst einmal Cäsars Verhalten im Alltag.

Vorgeschichte – 3 Hunde in einem Haushalt

Viele Menschen halten inzwischen mehr als einen Hund, so auch Familie Heinrich. Allerdings fällt hier einer der drei Hunde direkt auf, und das nicht nur durch sein Verhalten. Cäsar ist ein fünf Jahre alter Riesenschnauzer-Berner Sennenhund-Mischlings-rüde. Da beide Rassen nicht gerade klein sind, ist auch Cäsar ein stattliches Exemplar von einem Hund. Cäsar lebt zusammen mit zwei weiteren Hunden. Peggy, eine 15 Jahre alte Yorkshireterrier-hündin lebt seit drei Jahren hier. Sie genießt den Bonus des Alters und wird von den beiden anderen Hunden der Familie in Ruhe gelassen, so dass sie ihr Leben in ihrem eigenen Rhyth-mus leben kann. Vor anderthalb Jahren kam dann noch die vier Wochen alte Bearded Collie-Mischlingshündin Susi dazu. Unter den Hunden gibt es kein Problem, aber nachdem sich Cäsar zu einem sehr großen Hund entwickelt hat, ist es für die Familie zusammen mit Susi nicht immer einfach. Denn Susi schaut sich inzwischen so manches unerwünschte Verhalten von Cäsar ab.

Cäsar fordert seinen Teil des Essens vehement ein.

Problem – ein Kraftpaket ohne Manieren

Cäsar ist vollkommen distanzlos. Und das ist bei einem so großen Hund in dem doch eher kleinen und verwinkelten Häuschen der Familie nicht wirklich einfach. Der Riese läuft ständig hinter den Familienmitgliedern her und verlangt nach Aufmerksamkeit. Er stupst sie an, wenn er gestreichelt werden will, er bellt, wenn er nach draußen will, und er bettelt, wenn gegessen wird. Er klaut Essen direkt aus der Hand und holt sogar die Töpfe vom Herd, die er dann ohne zu Zögern auf seine Decke schleppt und leer frisst. Dabei ist es ihm egal, ob die Menschen anwesend sind oder nicht. Sein Lieblingsplatz ist auf dem Treppenabsatz im Flur, denn von da aus kann er alles beobachten und kontrollieren. Möchte jemand in das obere Stockwerk, muss er über den riesigen Hund steigen.
Susi hat sich bereits einige Verhaltensweisen abgeschaut, und wird nicht bald etwas unternommen, hat die Familie zwei Hunde, die sich zu wahren Tyrannen entwickeln können.

Das Filmteam begleitet Martin Rütter und Familie Heinrich auf dem Spaziergang.

Zudem wird der Spaziergang mit den beiden Hunden immer mehr zum Problem. Frau Heinrich ist eine zierliche Person, das Kräfteverhältnis zwischen ihr und Cäsar liegt eindeutig auf der Seite des Hundes. Da Cäsar nun auch stark an der Leine zieht, muss auf Spaziergängen immer Herr Heinrich Cäsar führen. Das Problem beginnt aber schon viel früher, denn bereits beim Holen der Geschirre für den Spaziergang entsteht ein völliges Tohuwabohu, die beiden Hunde toben aufgeregt durch die Wohnung. Cäsar gibt lautstarke Unmutsäußerungen von sich, es dauert ihm alles viel zu lange. Er bellt so lange, bis Frau Heinrich erst einmal die Tür öffnet und die Hunde hinaus in den Garten lässt. Aber auch das dauert Cäsar zu lange, er hüpft im Flur herum, steigt mit den Pfoten auf die Klinke und ist extrem fordernd.

Analyse – Cäsar weiß, was er will

Cäsar wusste schon als Welpe seinen Charme einzusetzen und hat die Menschen um den Finger gewickelt. Verhalten, das heute lästig und aufdringlich ist, fanden Heinrichs niedlich als Cäsar noch klein und süß war. So bekam er als Welpe auch immer einen Teil vom Essen der Menschen ab, weil er doch so süß schaute. Als er größer wurde und seine Familie sich manchmal gestört fühlte, bekam er nur noch ab und an etwas ab. Schließlich war Cäsar immer noch ihr Liebling, er sollte doch auch hin und wieder einmal etwas Besonderes haben.

Info

Variable Verstärkung

Um einem Hund etwas beizubringen, nutzt man die verschiedenen Lerntheorien und -gesetze. Eines dieser lerntheoretischen Gesetze ist das der variablen Verstärkung. Hat man dem Hund also ein Verhalten wie zum Beispiel das Signal „Fuß" beigebracht, so dass er es sicher zeigt, muss man von der kontinuierlichen Verstärkung zur variablen Verstärkung wechseln. Würde man den Hund weiterhin dauerhaft für jeden Schritt „Fuß" belohnen, würde der Hund bald das Interesse verlieren. Der Mensch muss hier also unberechenbar bleiben und nicht mehr jeden Schritt belohnen. Im Idealfall variiert er und belohnt den Hund einmal nach fünf Schritten, dann nach zehn und dann wieder nach drei Schritten. Dieses lerntheoretische Gesetz gilt aber nicht nur für erwünschtes, sondern auch für unerwünschtes Verhalten! Bekommt ein Hund also beim Betteln am Tisch nur gelegentlich etwas vom Essen ab, wird er das Verhalten in Zukunft immer stärker zeigen.

Durch dieses Verhalten hat Familie Heinrich jedoch Cäsars forderndes und aufdringliches Verhalten noch weiter verstärkt. Er hat gelernt: Bleib dran, irgendwann bekommst du, was du willst! Dieses Verhalten hat er nach und nach auf alle Lebensbereiche ausgedehnt, so dass inzwischen er derjenige ist, der in allen Bereichen entscheidet.

Cäsar und Susi ziehen beim Spaziergang beide stark an der Leine.

Cäsar bekommt ab sofort
nichts mehr vom Tisch.

Der Hundeprofi zu Besuch

Martin Rütter ist schnell klar, wo das Problem liegt. Ähnlich wie im Fall von Mops Henry manipulieren hier die Hunde die Menschen. Dies wird schnell deutlich, als Familie Heinrich nach dem ersten Besuch des Hundeprofis eine Strichliste anlegt, in der aufgeschrieben wird, wie oft sie und wie oft Cäsar eine Aktion initiieren. Das Ergebnis liegt eindeutig zugunsten Cäsars.

 Wichtig

Das ständige Weg-
scheuchen von Liege-
plätzen bedeutet für
einen Hund extremen
Stress. Das kann man
z. B. daran erkennen,
dass sie stark hecheln.
Daher darf man dieses
Training nicht über-
treiben. Die Folge
könnte sonst sogar eine
aggressive Reaktion
dem Menschen gegen-
über sein!

Training – ein Hund lernt folgen

... in der Wohnung

Cäsar bekommt eine feste Liegestelle in der Wohnung zugewiesen. Diese befindet sich im Schlafzimmer, da hier ausreichend Platz für ihn ist, denn er soll sich auf der Liegestelle wohlfühlen und sich auch einmal der Länge nach ausstrecken können. Außerdem hat er von hier aus einen direkten Blick ins Wohnzimmer, so dass er auch weiterhin am Leben der Familie teilnehmen kann. Denn schließlich soll er nicht ausgeschlossen werden, der Entzug von Sozialkontakt kommt für Hunde einer Strafe gleich. Alle anderen Plätze werden ihm nun unangenehm gemacht, indem Familie Heinrich ihm den Weg abschneidet oder genau da entlanggeht, wo er gerade liegt und

Herr Heinrich schickt Cäsar auf seinen neuen Liegeplatz im Schlafzimmer.

ihn zum Aufstehen zwingt. Zusätzlich wird er öfter auf die Decke geschickt, dort hat er seine Ruhe. Dieses Training kann man noch dadurch verstärken, dass man Cäsar auf seiner Decke füttert oder ihm dort einen Kauknochen gibt. So verknüpft er mit dem Liegen auf der Decke gleichzeitig etwas Angenehmes. Weiterhin müssen Heinrichs ähnlich wie im Fall Henry sämtliche Aufforderungen von Cäsar ignorieren. Er bekommt Aufmerksamkeiten in Form von Streicheln, Futter oder Spiel nur, wenn seine Familie die Aktion dazu startet. Zudem bekommt Cäsar nichts mehr vom Tisch!

 Info

Anonyme Korrektur

Man sollte bei Hunden niemals eine anonyme Korrektur durchführen. Der Hund muss immer wissen, von wem und aus welchem Grund er korrigiert wird, sonst kann dies zu starker Verunsicherung führen. Und wenn die Korrektur dann noch im eigenen Zuhause durchgeführt wurde, fühlt sich der Hund hier nicht mehr sicher. Dies darf auf gar keinen Fall passieren, da dieses Erlebnis für den Hund traumatischen Charakter haben kann. Klaut der Hund also zum Beispiel Essen in Abwesenheit der Menschen, wird er hierfür nicht korrigiert. Vielmehr liegt es nun an den Menschen, die durch Wegräumen von allem Essbaren verhindern müssen, dass der Hund weiterhin die Möglichkeit hat, etwas zu klauen.

Vor dem Spazierengehen

Das Leinenführtraining startet erst einmal in der Wohnung. Denn auch in dieser Situation fordert Cäsar lautstark seine Wünsche ein. Somit sollen die beiden Hunde zunächst einmal lernen, in Ruhe abzuwarten, bis sie ihre Geschirre anhaben und Frau Heinrich die Tür geöffnet hat. Dazu muss sie den Hunden mehrmals täglich das Geschirr an- und wieder ausziehen. Es geht darum, Schlüsselreize abzubauen, die den kommenden Spaziergang bereits ankündigen. Dazu gehört auch, dass Herr Heinrich den Spaziergang immer mit den Worten: „Komm, wir gehen Pipi machen" startet. Dies puscht die Hunde noch zusätzlich auf. Allein schon der Satz genügt, um sie von entspanntem Liegen in helle Aufregung zu versetzen.

Von wegen, wir gehen spazieren

Frau Heinrich holt also in nächster Zeit mehrmals täglich das Geschirr hervor und zieht es Cäsar an. Danach schickt sie ihn einfach wieder auf seine Decke, denn das Geschirr soll nichts besonders Spannendes mehr ankündigen. Allerdings soll sie

Martin Rütter erklärt Heinrichs, worauf sie vor dem Spaziergang achten müssen.

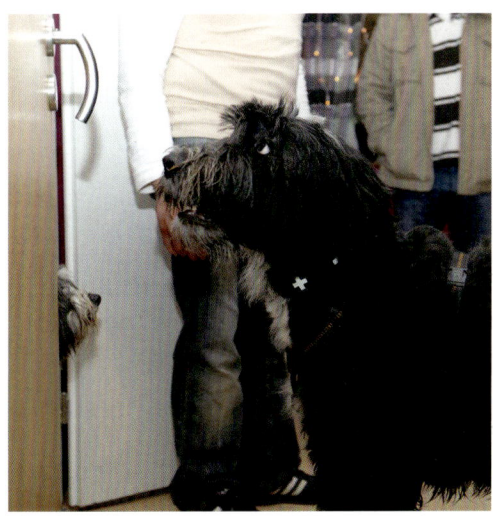

Herr Heinrich trainiert mit Cäsar das Anziehen des Geschirres. Danach passiert dann erst einmal gar nichts.

immer noch einen kurzen Augenblick warten, bevor sie Cäsar auf die Decke schickt. Würde sie ihn direkt nach dem Anziehen hinschicken, besteht die Gefahr, dass die Aktion zu einem Streit ausartet. Cäsar ist ja zunächst einmal noch sehr aufgeregt nach dem Anziehen des Geschirrs, und deshalb muss Frau Heinrich mit dem Auf-die-Decke-Schicken so lange warten, bis Cäsar sich einigermaßen beruhigt hat. Liegt Cäsar ruhig und ohne zu hecheln eine Zeit lang auf seinem Liegeplatz, bekommt er das Geschirr wieder ausgezogen.

Schlüsselreize abbauen

Dieses Verfahren kann man mit allen Reizen durchführen, die für Hunde den Spaziergang ankündigen. Das kann zum Beispiel das Aufnehmen des Schlüssels, das Holen der Leine oder das Anziehen der „Hundespaziergang-Schuhe" sein. Die Reize werden dabei zunächst einzeln trainiert, bevor sie dann auch kombiniert geübt werden können. Und geht es dann tatsächlich nach draußen, wartet Frau Heinrich so lange, bis ihre Hunde an der Haustür zur Ruhe gekommen sind, erst dann dürfen sie hinaus in den Garten. Hier kann man auch die Tür zu Hilfe nehmen. Strecken die Hunde ihre Nase direkt aus der Tür, sobald diese geöffnet wird, schließt man sie einfach wieder. So lernt der Hund, in Ruhe zu warten, bis sein Mensch ihm das Signal gibt, durch die Tür zu gehen.

Gutes Benehmen an der Leine

Nun geht es also nach draußen, die beiden Hunde sollen lernen, an lockerer Leine zu laufen. Dazu ist es notwendig, zunächst einmal einzeln mit beiden Hunden zu trainieren.

Vertrauen an der Leine

Das Ziehen sowie andere Verhaltensweisen eines Hundes an der Leine sagen sehr viel über die Beziehung zwischen Mensch und Hund aus. Ideal wäre, wenn der Hund an durchhängender, lockerer Leine entspannt neben seinem Menschen läuft. Dabei passt er sich vertrauensvoll dem Menschen an, der für ihn verschiedene Aufgaben übernimmt. Der Mensch achtet auf mögliche Gefahren, die den Hund eventuell erwarten. Kommt zum Beispiel ein anderer Hund ohne Leine angerannt? Steht hinter der nächsten Häuserecke etwas, wovor er sich fürchten könnte? Aufgabe des Menschen ist, sich um die Umgebung zu kümmern und seinen Hund sicher hindurchzuführen. Vertraut der Hund seinem Menschen, orientiert er sich an ihm und überlässt ihm die Führung, so kann er ganz entspannt durchs Leben laufen. Kein anderer Hund wird ihn belästigen, kein Fahrrad zu dicht an ihm vorbeifahren, kein Kind ihn necken. Dafür sorgt der Mensch. Der Hund braucht sich weder zu fürchten, noch aggressiv auf Menschen oder Artgenossen zu reagieren, noch Ausschau nach Jagdbeute zu halten. Dazu hat er ja keinen Grund, denn er hat schließlich seinen Menschen.

Martin Rütter erklärt Familie Heinrich die nächsten Schritte des Leinenführtrainings.

Der Hundeprofi ist optimis-
tisch, Cäsars Fortschritte
sind bereits gut sichtbar.

Ziehen durch unbewusstes Verstärken

Leider ist jedoch häufig das Gegenteil der Fall und der Hund
zieht den Menschen durch die Gegend. Oftmals ist dieses Verhalten aber auch erlernt, nämlich dann, wenn der Hund Aufmerksamkeit zum falschen Zeitpunkt bekommt. Der Mensch
bringt ihm das Ziehen an der Leine also unbewusst bei.
Viele Hunde erleben, dass niemand mit ihnen Kontakt auf-
nimmt, wenn sie sich „vernünftig" benehmen. Der Hund
latscht gemütlich mit seinem Menschen mit, aber niemand
belohnt ihn dafür, spricht ihn an, spielt mit ihm, füttert ihn
oder Ähnliches. Jetzt bekommt er einen interessanten Geruch
in die Nase und beginnt, nach vorne zu ziehen. Und siehe da:
Der Mensch, der vorher kommentarlos neben ihm herging,
beginnt mit einem Mal zu sprechen und sich mit ungeteilter
Aufmerksamkeit ihm zu widmen. Auch wenn es eine negative
Form der Aufmerksamkeit ist, in aller Regel beginnt der
Mensch mit „Nein" und „Fuß" auf den Hund einzuwirken,
so ist es immerhin ein sozialer Kontakt. Vielen Hunden ist es
lieber, verbal gemaßregelt zu werden, als überhaupt keinen
Kontakt zu haben.
Wie erreicht man nun aber, dass der Hund an lockerer Leine
geht? Der Mensch muss darauf achten, die Leine nicht auf
Spannung kommen zu lassen. Durch rechtzeitige Richtungs-
und Tempowechsel lässt man den Hund nicht mehr nach vorne
kommen. Der Hund soll lernen, dass er seinen Menschen
respektiert, der Mensch entscheidet, wo es lang geht und der
Hund muss sich an ihm orientieren. Dazu braucht es weder
Gebrüll noch Gewalt, sondern nur eine gehörige Portion Geduld
und Durchhaltevermögen.

Damka –
ein Welpe zieht ein

Hovawarthündin Yule ist
nicht gerade begeistert von
dem Neuzugang.

Vorgeschichte – ein Zweithund soll es sein

Familie Dufrenne ist aufgeregt, denn bald ist es so weit und ihr
neues Familienmitglied wird einziehen. Astrid und Stephan
Dufrenne leben mit ihrer siebenjährigen Hovawarthündin Yule
zusammen. Nach dem Tod ihrer alten Hündin, ebenfalls ein
Hovawart, soll nun wieder ein zweiter Hund ins Haus kommen.
Also wurden Züchter besucht und nach sorgfältiger Auswahl
und achtwöchiger Wartezeit ist es nun so weit: Die kleine Hovawarthündin Damka zieht morgen ein.

Frau Dufrenne und Yule
sind schon lange Zeit ein
eingespieltes Team.

Problem – Yule weist Damka in die Schranken

Der erste Kontakt der beiden Hunde war leider nicht so positiv,
wie es sich die Menschen vorgestellt hatten. Von ihrer alten Hündin war Yule damals sehr freundlich aufgenommen worden, sie
durfte mit ihr in einem Korb liegen und es entstand ein inniges
Verhältnis zwischen den beiden Hunden. Yule jedoch zeigt von

Wird sich die junge Hovawarthündin Damka in das Rudel
integrieren?

Anfang an, dass sie keine Lust auf die kleine Damka hat und verhält sich ihr gegenüber zurückhaltend und im Kontakt sehr grob.
Damka wird angeknurrt, wenn sie sich Yule nähert, und Yule
startet mehrmals heftige Attacken. Dufrennes machen sich
wirklich Sorgen um den kleinen Welpen, denn bei einer ernst-
haften Attacke hat Damka kaum eine Chance gegenüber Yule.
Müssen sie sich eventuell wieder von Damka trennen und den
Wunsch nach einem Zweithund aufgeben? Dies ist für Familie
Dufrenne der Grund, sich an den Hundeprofi zu wenden.

Damka ist eine sehr aktive und neugierige junge Hündin. Sie nimmt sofort Kontakt mit Andrea Buisman auf.

Der Hundeprofi zu Besuch

Als Martin Rütter die Familie Dufrenne besucht, ist Damka seit drei Tagen im Haus. Der Hundeprofi sieht sofort, wo hier das Problem liegt: Damka ist ein frecher und vollkommen distanzloser Welpe, sie respektiert die Individualdistanz, die Yule einfordert, überhaupt nicht. Sie rast durch die Wohnung und rempelt die ältere Hündin dabei hemmungslos an. Yule kann ein solches Verhalten nicht akzeptieren und weist den Welpen in seine Schranken. Sie fordert ihre Individualdistanz ein, indem sie Damka nicht in ihrer Nähe liegen lässt, und korrigiert sie sofort, wenn diese körperlich wird.

Ein junger Hund zieht ein

Nicht immer findet ein älterer Hund den Einzug eines jungen Hundes toll. Ist der Hund bereits sehr alt, kann diese Veränderung für ihn viel Stress bedeuten. Wir Menschen deuten dies oft positiv und haben das Gefühl, der alte Hund erlebe gerade seinen zweiten Frühling. Er ist noch einmal so richtig agil und munter. Dass dieses Verhalten aber oft aus der Not heraus entsteht, damit der alte Hund dem jungen Hund seine Grenzen zeigen kann, ist für uns Menschen oft nicht ersichtlich. Daher sollte man genau überlegen, ob die Gesellschaft eines Hundes

Martin Rütter schaut sich zunächst das Verhalten der beiden Hunde im Alltag an.

für den eigenen Hund tatsächlich von Vorteil ist. Zudem gibt es auch unter Hunden Sympathien und Antipathien, ein Hund mag nicht immer jeden anderen Hund. Daher muss ein Zweithund sorgfältig ausgewählt werden, er muss schließlich nicht nur zu den Wünschen und Interessen der Menschen, sondern auch zum bereits in der Familie lebenden Hund passen.

Analyse – ein Wirbelwind lernt Grenzen

Herr und Frau Dufrenne müssen sich keine Sorgen machen, die Zurechtweisungen von Yule bleiben im Rahmen einer Korrektur, Yule hat nicht etwa vor, Damka ernsthaft zu verletzen. Die ältere Hündin weist sie lediglich in ihre Schranken, sie findet die Anwesenheit von ihr zwar nicht toll, akzeptiert sie aber. Damka ist allerdings ein rotzfrecher Welpe, sie muss lernen, sich gegenüber Yule und auch gegenüber ihren Menschen respektvoll zu verhalten. Dies ist besonders bei Frau Dufrenne wichtig, da diese aufgrund ihrer Krankheit nicht so gut laufen kann und auf den Rollstuhl angewiesen ist. Daher wird der Hauptaspekt beim Training auf die Grunderziehung des Welpen gelegt.

Wichtig

Welpenschutz

Gerade bei Hündinnen ist beim Einzug eines Welpen Vorsicht geboten, denn ein Welpenschutz existiert in diesem Fall nicht. Welpenschutz gibt es immer nur im eigenen Rudel, eine Hündin, die einen fremden Welpen tötet, um so Nahrung und Lebensraum für ihre eigenen (eventuell noch kommenden) Welpen zu sichern, ist also nicht verhaltensgestört. Wenn sich zwei Hündinnen jedoch einmal verstehen, entwickelt sich oft ein Mutter-Tochter-Verhältnis, das ein Leben lang bestehen bleibt.

Training – Erziehung von Anfang an

Damit Damka sich in Zukunft Menschen gegenüber respektvoll verhält, müssen die Dufrennes sie – ähnlich wie Yule – für freches Verhalten korrigieren.

Übungsaufbau für „Tabu"

Wichtig bei der Etablierung eines Tabus ist das beherzte, zügige Eingreifen, ohne zu zögern. Am einfachsten ist, Sie spielen mit etwas, mit dem Ihr Hund niemals spielen darf. Spielen Sie nun so auffällig und ausgelassen, dass Ihr Hund Interesse an dem Gegenstand entwickelt. Halten Sie kurz inne, lassen den Gegenstand vor sich hinfallen und zeigen sich für einen kurzen Moment uninteressiert. In dem Moment, in dem Ihr Hund nun den Gegenstand „berührt", sprechen Sie mit ruhiger Stimme das Wort „Tabu" aus und greifen unmittelbar und ruhig auch etwas grober als sonst über den Fang des Hundes. Lösen Sie den Griff sofort wieder, nehmen den Gegenstand auf und gehen weg. Diese Form des Schnauzgriffes nutzen auch Hunde untereinander, um Tabus durchzusetzen. Jeder Welpe hat erlebt, dass seine Mutter bzw. ein erwachsener Hund über seinen Fang gebissen hat, um einer Warnung Nachdruck zu verleihen.

Herr Dufrenne beim Tobe-spiel mit Damka.

Festigen des Signals

Wiederholen Sie diese Übung, über einen Zeitraum von ca. sieben Tagen, etwa vier bis fünf Mal. Wichtig ist, dass Sie die Korrektur per Schnauzgriff und mit dem Wort „Tabu" auch bei anderen „Faux-Pas" Ihres Hundes anwenden, damit er einen eindeutigen Bezug zu dem Wort und nicht zu der jeweiligen Situation bekommt. Er wird sonst verbinden: „Immer, wenn mein Mensch mit etwas spielt, folgt für mich im Anschluss eine Sanktion." Und das ist selbstverständlich nicht unser Ziel. Sie werden bereits nach einigen Wiederholungen erleben, dass das Wort „Tabu" ausreicht, um dem Hund zu vermitteln, dass das, was er gerade tut, nicht erlaubt ist.

Schnauzenzärtlichkeiten

Sorgen Sie dafür, dass Ihr Hund in anderen Situationen auch erlebt, dass Ihre Hände vorsichtig und streichelnd seinen Fang

Frau Dufrenne trainiert mit Damka das Signal „Down".

umfassen. Denn er soll keine Scheu vor Ihren Händen entwickeln. Diese Form der Schnauzenzärtlichkeiten tauschen Hunde nämlich sehr wohl auch untereinander aus. Sind Sie sich nicht sicher, ob Ihr Hund in der hier beschriebenen Übung Aggressionen Ihnen gegenüber zeigen könnte, suchen Sie dringend professionelle Hilfe, bevor Sie sich in Gefahr bringen. Für Frau Dufrenne ist es besonders wichtig, dass Damka genauso wie die ältere Hündin Yule gut auf ihre Signale reagiert. Daher muss sie vor allem die Grundsignale „Sitz", „Platz" und

Das Training mit Damka ist für Frau Dufrenne aufgrund ihrer Krankheit nicht einfach.

„Hier" beherrschen. Aber auch die Leinenführigkeit am Rollstuhl sowie die Beschäftigung von Damka vom Rollstuhl aus wird ein Thema des folgenden Trainings sein.

Da Damka für die Dufrennes nicht der erste Hund ist, fällt ihnen das Training der Grundsignale nicht schwer. „Sitz" kann Damka bereits, als der Hundeprofi das erste Mal zu ihnen kommt, „Platz" und „Hier" lernt Damka in den darauffolgenden Wochen. Probleme gibt es allerdings immer wieder dann, wenn Yule beim Training mit dabei ist. Sie beherrscht die Signale be-reits perfekt und kommt immer sofort angelaufen, wenn Frau Dufrenne mit Damka trainieren will. Dies führt zum einen zu einer Konkurrenzsituation, die Frau Dufrenne ja eigentlich auf jeden Fall vermeiden will. Zum anderen kann sich Frau Dufrenne auch nicht ausschließlich auf Damka konzentrieren und diese nicht immer rechtzeitig belohnen. Dadurch ist Damka oft unsicher, welches Verhalten nun von ihr verlangt wird.

 Info

Training mit zwei Hunden

Möchte man mit zwei Hunden trainieren, muss man die Übungen zunächst einmal mit beiden Hunden einzeln aufbauen. Erst wenn beide Hunde die Übungen sicher beherrschen, kann man ein gemeinsames Training starten. Zieht ein neuer Hund in eine Familie ein, bedeutet dies in der Regel, dass man im ersten Jahr die meisten Übungseinheiten einzeln machen muss. Ein zweiter Hund bedeutet also zu Beginn doppelt so viel Zeitaufwand. Denn auch einfache Spaziergänge sollte man getrennt durchführen, damit der neue Hund lernt, sich am Menschen zu orientieren. Ist der andere Hund immer mit dabei, besteht die Gefahr, dass sich die Hunde eher aneinander als am Menschen orientieren. Und dies wird spätestens dann zum Problem, wenn einer der beiden Hunde stirbt.

Beim gemeinsamen Training startet man zunächst einmal mit einfachen und ruhigen Übungen. Während Hund A das Signal „Bleib" durchführen soll, kann man Hund B zu sich rufen. Dann werden beide Hunde belohnt und die Übungen getauscht. Kann z. B. der wartende Hund die Spannung nicht aushalten und steht ebenfalls auf, um zu seinem Menschen zu laufen, ignoriert man dieses Verhalten einfach. Zunächst einmal belohnt man Hund B, der ja korrekt auf das Signal „Hier" gekommen ist. Danach bringt man Hund A wieder auf seinen Platz zurück und führt die Übung erneut durch. Allerdings sollte man die Schwierigkeit geringer gestalten, indem man die Entfernung des Heranrufens nicht zu weit ausdehnt.

Herr und Frau Dufrenne trainieren mit Damka das Signal „Hier".

Heranrufen zu Zweit

Herr und Frau Dufrenne können das Signal „Hier" auch zu
zweit einüben, indem sie Damka zwischen sich hin und her-
rufen. Hierbei ist es aber wichtig, sich genau abzusprechen,
damit nicht beide Menschen den Hund gleichzeitig rufen. Und
wenn Damka versucht, die Menschen zu manipulieren, indem
sie sich einfach vor einen der beiden setzt und auf ein Leckerchen wartet, muss derjenige sie ignorieren. Der andere wartet
einfach kurz, bis sie wieder ansprechbar ist, und ruft sie dann.

Apportiertraining für Damka

Da Damka ein sehr aktiver Hund ist, sollte Frau Dufrenne sie
auch ausreichend beschäftigen. Die Schwierigkeit bei diesem
Training liegt darin, dass Frau Dufrenne auf eine Stelle beschränkt ist, sie kann nicht „mitgehen". Daher soll Damka nun
das Apportieren erlernen, denn bei dieser Beschäftigungsform
bringt der Hund einen weggeworfenen Gegenstand wieder zum
Menschen zurück: ideal für Frau Dufrenne.

Geistige und körperliche Beschäftigung

Jeder Hund kann apportieren, hat doch schon jeder Welpe
irgendwann einmal etwas durch die Wohnung getragen. Es ist
für Hunde natürlich, eine Beute in den Fang zu nehmen und

Damka zeigt deutlich, wem der Futterbeutel ihrer Meinung nach gehört. Demonstrativ legt sie besitzergreifend eine Pfote darauf.

zu einem Ort zu tragen. Dieses natürliche Verhalten kann man nun in ein sinnvolles Apportiertraining umlenken, jedoch natürlich immer rassespezifisch bzw. auf die persönlichen Eigenschaften und Fähigkeiten des Hundes angepasst.

Apportiertraining kann die Beziehung zwischen Mensch und Hund enorm fördern. Es geht auf die natürlichen Veranlagungen und Bedürfnisse des Hundes ein. So wie jede Jagd anders verläuft, können auch wir Apportiertraining unendlich variabel gestalten, so dass der Hund sein ganzes Leben lang sinnvoll geistig und körperlich beschäftigt werden kann.

Apportieren an langer Leine

Auf jeden Fall sollte man jeden Hund, der das erste Mal apportiert, zur Sicherheit an eine Schleppleine nehmen. Viele Hunde entscheiden sich zu Beginn, die Beute nicht zurückzubringen, sondern vergnügt damit umherzuflitzen. Damit dieses Verhalten kein Ritual wird und wir machtlos hinterherrufen müssen, nutzen Sie zu Beginn die Schleppleine, so dass Ihr Hund sich nicht unkontrollierbar entfernen kann.

Hat Ihr Hund mit seinem Verhalten Erfolg, wird er sich angewöhnen, die Beute immer in „Sicherheit" zu bringen. Locken Sie ihn also sofort zu sich (langsames Einholen der Schleppleine) oder gehen entspannt zu ihm hin und nehmen ihm die

Wichtig

Sicherheit beachten

Aus verletzungsprophylaktischen Gründen sollten Hunde, die an der Schleppleine geführt werden, immer ein Brustgeschirr tragen. Es kann zu erheblichen Verletzungen kommen, wenn ein Hund mit Halsband in hohem Tempo in die Leine rennt. Sicher ist dies bei einem tendenziell eher ruhigen Hund nicht so wahrscheinlich, wie bei einem quirligen.
Bitte tragen Sie zu Ihrem eigenen Schutz (auch im Hochsommer) beim Schleppleinentraining Handschuhe. Der noch so kleinste Hund entwickelt zuweilen eine solche Kraft und starke Dynamik, dass es zu schweren Verletzungen kommen kann, wenn Ihnen die Leine durch die Hände rutscht.

Beute weg. Starten Sie danach das Beutespiel erneut. Wäre der Hund in dieser Situation nicht angeleint, könnte das Zurückholen der Beute schon im Haus zu einem Hin und Her werden. Besonders für Frau Dufrenne ist die Schleppleine wichtig, da sie ja nicht einfach einen schnellen Schritt nach vorne machen kann. Allerdings darf die Schleppleine niemals am Rollstuhl befestigt werden. Ideal ist hier ein fester Gegenstand wie ein Pfosten oder Ähnliches, der sich direkt hinter dem Rollstuhl befindet.

Damka hat viel Spaß am Apportiertraining, sie fordert Frau Dufrenne mit der Vorderkörpertiefstellung zum Spiel auf.

Damka hat Freude am Spiel

Obwohl Damka beim Training der Grundsignale gern Leckerchen annimmt, interessiert sie das Apportierspiel mit dem
Futterbeutel nicht besonders. Sie hat viel mehr Spaß an einem
actionreichen Tobespiel mit Gegenständen, die lustig hin und
herhüpfen. Nachdem sie Martin Rütter den Futterbeutel zu-
rückgebracht hat, wartet sie nicht aufgeregt auf das Futter, sondern nimmt die Vorderkörpertiefstellung ein. Sie fordert ihn
somit aktiv auf, das Spiel nun doch endlich weiter fortzuführen.

Ausgeben der Beute

Wenn Damka den Gegenstand zurückbringt, möchte sie ihn
nur ungern abgeben. Sie möchte gerne ein Zerrspiel machen
und um die Beute streiten. Auf einen solchen Streit sollten sich
die Menschen aber auf keinen Fall einlassen, daher sind Zerr-
spiele tabu! Stattdessen trainiert Frau Dufrenne mit Damka,
dass sie einen Gegenstand auf das Signal „Aus" direkt hergibt.
„Aus" soll für den Hund bedeuten: „Spuck das, was du gerade

 Info

Die richtige Motivation ist entscheidend

Je spannender der Apportiergegenstand für den Hund erscheint,
je schneller wird er auch das Apportieren lernen. Es gibt unzählig
viele Gegenstände im Handel. Ich habe die Erfahrung gemacht, dass
Gegenstände, die nicht gleichmäßig aufspringen, wenn sie landen,
für die meisten Hunde sehr schnell interessant werden, da sie
ähnliche Bewegungseigenschaften zeigen wie Kleintiere, die im
Zickzack dynamisch flüchten. Dies löst bei vielen Hunden einen
natürlichen Beutetrieb aus, der schnell zu einer Hatz wird. Andere
Hunde wiederum interessieren sich mehr für Futter, hier bietet sich
zum Beispiel das Training mit einem Futterbeutel an.
Eine Form der Belohnung kann somit ein „Tauschgeschäft" Futter
gegen Apportiergegenstand sein. Eine andere ist, dass der Hund dem
Gegenstand ein zweites Mal wild und ausgelassen hinterherrennen
darf. Denn wie schon erwähnt, ist die Hatz als solche für viele Hunde
Belohnung genug.

Auch auf das Spielangebot von Martin Rütter geht Damka begeistert ein.

in der Schnauze hast, sofort aus", bzw. „Gib mir das, was du gerade in der Schnauze hast, sofort her". Aus Sicht des Hundes ist das im ersten Schritt gänzlich unlogisch und sinnlos. Warum sollte man etwas Spannendes wieder rausrücken? Also braucht es einen Grund, das herzugeben, was man gerade erobert hat. Und da bietet sich ein Tauschgeschäft an.

Das Tauschgeschäft

Der Hund bekommt zunächst ein Spielzeug, das ihn zwar interessiert, jedoch nicht gerade sein absolutes Tageshighlight darstellt. Nachdem er sich nun eine kurze Phase von ca. einer Minute damit beschäftigt hat, kann das Tauschgeschäft beginnen. Sagen Sie ruhig und keinesfalls bedrohlich oder schroff, denn das würde nur unnötig Anspannung in die Situation bringen, zu Ihrem Hund „Aus". Noch bevor er aktiv eine Entscheidung treffen kann, halten Sie ihm schon etwas viel Spannenderes oder Schmackhafteres vor die Nase. Lässt er das Spielzeug nun los, wird er verbal gelobt und darf das Futterstück fressen bzw. das spannendere Spielzeug haben. Wie immer, steigern Sie die Reize nun in angemessenen Teilschritten, so dass es für Ihren Hund vollkommen normal wird, „Beute" wieder auszulassen. Diese Tauschgeschäfte sollten von Beginn an im Zusammenleben mit dem Hund stattfinden. Ganz gleich, ob Welpe oder erwachsener Hund, denn das entspannt die Situation im Wettstreit um die Ressource „Beute" ungemein.

Vor dem Leinenführtraining mit Damka übt der Hunde-profi selbst das Handling des Rollstuhls.

Martin Rütter erklärt Frau Dufrenne die Handhabung der Leine am Rollstuhl.

Der Hundeprofi zeigt den Dufrennes das Handling Ihres Hundes vom Rollstuhl aus.

Leinenführigkeit am Rollstuhl

Das letzte Grundsignal, das Damka erlernen muss, ist die Leinenführigkeit am Rollstuhl. Damka darf Frau Dufrenne nicht durch die Gegend ziehen, da dies gefährlich für beide werden könnte. Der Hund darf bei der Leinenführigkeit am Rollstuhl mit seiner Schnauze maximal auf Höhe der Radachse sein. Wäre er weiter vorne, hätte man keinen Einfluss mehr auf ihn, man kann ihm keine Richtung mehr weisen, denn er würde dann vor den Rollstuhl springen. Damka muss also lernen, dass die Zone vor dem Rollstuhl tabu ist. Befindet sie sich nun also beim Training links neben dem Rollstuhl auf der richtigen Höhe, wird sie gelobt und bekommt Leckerchen. Geht sie zu weit vor, wechselt Frau Dufrenne die Richtung, indem sie einfach von ihr wegfährt oder sogar auch auf sie zu fährt. Dabei darf der Rollstuhl Damka ruhig auch einmal leicht berühren, so lernt sie Respekt vor ihm. Die Leine darf hierbei nie am Rollstuhl befestigt werden, da dies bei einem plötzlichen Ausbruch des Hundes gefährlich für den Menschen werden kann. Damka sollte bei diesem Training eine feste Seite zugewiesen bekommen. Klappt das Leinenführtraining am Rollstuhl gut, kann man es auch mit beiden Hunden gleichzeitig durchführen. Hierfür sollte jeder der Hunde eine feste Seite zugewiesen bekommen.

1) Frau Dufrenne spricht Damka an: Es geht los.

2) Damka ist noch unsicher, was sie machen soll.

3) Bald geht sie ruhig neben dem Rollstuhl her.

4) Frau Dufrenne belohnt Damka für das ruhige Gehen.

5) Martin Rütter ist zufrieden mit den ersten Schritten.

Für Damka gibt es noch viel zu lernen.

Leinenführigkeit mit zwei Hunden

Wichtig ist, dass wir den Hunden von Anfang an festgelegte Seiten zuordnen. Diese können auch mit Signalen besetzt sein, zum Beispiel „Rechts" und „Links". Nehmen wir beide Hunde auf eine Seite, können diese bestens miteinander kommunizieren. Dann wird es sehr schwierig, ihnen klarzumachen, dass wir der Orientierungspunkt sind. Außerdem kann man die Hunde auch besser korrigieren. Denn wenn Hund A vorläuft und Hund B brav neben uns ist, können wir B loben, während wir A ignorieren. Dann gehen wir so weiter, dass Hund A einen Richtungswechsel machen muss. Es sollte immer derjenige Hund Lob und Fürsprache erhalten, der sich auf uns einlässt, sich an uns orientiert und schön entspannt hinter oder neben uns läuft. Er sollte die meiste Aufmerksamkeit bekommen. Dem anderen wird der Weg abgeschnitten und er wird in seiner Bewegung eingeschränkt.

Vor Familie Dufrenne liegt noch viel Arbeit, denn die Erziehung eines Welpen braucht vor allem eines: Zeit! Das Familienleben ist jedoch wieder entspannt, die beiden Hündinnen liegen jetzt sogar manchmal nebeneinander. Sie schlecken gemeinsam einen Napf aus und es gibt keinen Streit, wenn beide ein Leckerchen bekommen. Yule hat Damka nun klar zu verstehen gegeben, dass sie sich an ihre Regeln halten muss, so dass beide Hunde gut miteinander auskommen.

Dana und Strolchi – zwei Hunde finden wieder zueinander

Vorgeschichte – Rüde trifft Hündin

Eigentlich könnte alles so schön sein: Ein großes Haus, ein Garten und ein Wiesengrundstück nebenan. Platz genug, damit zwei Hunde hier miteinander toben und leben können. Dies dachte auch Familie Schrötgens, als sie sich vor einem Jahr entschlossen, einen zweiten Hund ins Haus zu holen. Denn Strolchi, der vier Jahre alte Jack Russell Terrier der Familie, wurde zwar von allen geliebt und umsorgt, er sollte jedoch in den Genuss einer Hundefreundschaft kommen. Gibt es etwas Schöneres, als wenn zwei Hunde im wilden Spiel miteinander toben und anschließend gemeinsam eng aneinandergekuschelt in einem Körbchen liegen?

So kam es, dass Dana, eine Deutsch Drahthaar Hündin, bei der Familie einzog. Familie Schrötgens entschied sich für eine Hündin, da das Zusammenleben von Rüde und Hündin laut Ratschlag vieler Bekannter meist unproblematisch ist. Und da Strolchi bereits mit einem Jahr kastriert wurde, weil seine

 Info

Kryptorchismus

Zum Zeitpunkt der Embryonalentwicklung eines Rüden bilden sich die Hoden im Bauchraum in der Nähe der Nieren aus. Die Hoden wandern nun durch den Leistenkanal in den Hodensack, dieser sogenannte Hodenabstieg dauert je nach Rasse und individueller Veranlagung etwa bis zur achten Lebenswoche. Bis zum Zeitpunkt der Geschlechtsreife können die Hoden auch spontan in den Leistenkanal zurückgezogen werden. Beim Kryptorchismus verbleiben die Hoden im Bauchraum, es gibt auch Fälle, in denen nur ein Hoden den Abstieg schafft.

Die Folgen von Kryptorchismus können schwerwiegend sein. Durch die höhere Temperatur im Bauchraum neigen die Hoden zur Entartung, das Risiko für Hodenkrebs liegt um ein Vielfaches höher als bei abgestiegenen Hoden. Betroffene Rüden sollten aus der Zucht ausgeschlossen werden, da sie dieses Merkmal vermutlich auch weitervererben.

In der Regel wird mit Abschluss der körperlichen Entwicklung eine Entfernung der innen liegenden Hoden vorgenommen, die auch verhaltenspsychologisch Sinn macht. Durch die erhöhte Temperatur kann es zu vermehrter Testosteronbildung kommen, weshalb diese Rüden dann häufig sexuell aktiver sind und zu Verhaltensproblemen neigen können.

Dana – auch ein aktiver Hund braucht einmal eine Pause.

Hoden in der Bauchhöhle lagen (siehe Info) und er zu stark sexuellem Verhalten neigte, würde es auch zu Zeiten der Läufigkeit keine Probleme mit unerwünschtem Nachwuchs geben. Dass es Probleme aufgrund der Größenunterschiede geben könnte, darüber machte sich die Familie keine Gedanken.

Kontakt zu anderen Hunden

Leider war Dana als Welpe sehr krank, sie musste eine schwere Operation über sich ergehen lassen, deren Ausgang fraglich war. Dana hat inzwischen alles gut überstanden und sich zu einer gesunden, 14 Monate alten Hündin entwickelt, die nun auch erwachsen geworden ist: Ihre erste Läufigkeit hat sie gerade hinter sich. Vermutlich durch die fehlenden Erfahrungen in der Welpen- und Junghundzeit kommt Dana draußen mit anderen Hunden nicht so gut klar. Sie zerrt dann an der Leine und bellt, so dass ein Spaziergang nicht wirklich Spaß macht. Daher beschränkt sich der Sozialkontakt zu Artgenossen momentan für sie auf Strolchi, die beiden toben gerne wild miteinander und rennen in hohem Tempo auf dem großen Wiesengrundstück herum.

Strolchi – der kleine Charmeur.

Problem – ein Verehrer wird abgewehrt

Leider hat es vor kurzem zwischen beiden Hunden eine heftige Auseinandersetzung gegeben. Dana war gerade in der Zeit ihrer Läufigkeit. Da Strolchi auch nach der Kastration weiterhin sexuell interessiert ist, schnuppert er gerne vor allem während der Läufigkeit an ihrem Genitalbereich. Dana findet dieses Verhalten jedoch lästig und zeigt dies dem kleinen Rüden auch deutlich durch Knurren und Abschnappen. Strolchi jedoch, ganz Terrier, lässt sich davon nicht beeindrucken. Das war dann irgendwann einmal für Dana zu viel. Sie packte sich den kleinen Rüden und verletzte ihn dabei massiv. Strolchis Wunden waren so tief, dass sie vom Tierarzt genäht werden mussten.

Trennung aus Angst vor weiteren Angriffen

Seitdem ist die ganze Familie in Sorge, Dana könnte den kleinen Hund wieder verletzen. Da er ihr gegenüber körperlich keine Chance hat, befürchten sie sogar, dass es beim nächsten Mal noch schlimmer ausgehen könnte. Daher werden beide Hunde seitdem getrennt gehalten. Dieser Zustand kann jedoch nicht auf Dauer so bleiben, denn ständig muss man sich vergewissern, dass die Hunde sich in ihrem jeweiligen Raum befinden und keiner vergessen hat, eine Tür richtig zu schließen. Ein solches Leben ist sowohl für die Menschen als auch für die Hunde unzumutbar. Wenn sich hier nicht bald etwas ändert, muss Familie Schrötgens vielleicht sogar darüber nachdenken, sich von einem der beiden Hunde zu trennen.

Strolchi begrüßt Martin Rütter.

Dana außer Rand und Band

Zudem wird das Leben mit Dana immer schwieriger. Sie ist ein sehr aktiver Hund, der von den Menschen kaum noch gebändigt werden kann. Zuhause geht sie über Tisch und Bänke, sie springt vom Sofa auf den Wohnzimmertisch, um zu schauen, ob es dort interessante Dinge gibt. Frau Schrötgens kann inzwischen keine Dekoration mehr stehen lassen, da alle liebevoll gestalteten Arrangements von Dana zerstört und in ihre Einzelteile zerlegt werden. So wirkt das Wohnzimmer relativ nüchtern, denn Gestecke, Decken oder sonstige Kleinigkeiten werden nur für Besuch herausgeholt und dann wieder sicher verwahrt.

Der Hundeprofi zu Besuch

Beim ersten Besuch von Martin Rütter schaut sich der Hunde-profi lediglich die Hunde einzeln an und erfährt ihre Vorge-schichte. Um zu beurteilen, ob die Hunde ein dauerhaftes Pro-blem miteinander haben oder ob man sie wieder aneinander gewöhnen kann, muss er sie beide im Umgang miteinander erleben. Denn nur anhand ihrer Körpersprache lässt sich er-kennen, ob es sich lediglich um eine etwas heftige Korrektur gehandelt hat, die zu der unglücklichen Verletzung von Strolchi führte, oder aber ob Dana Strolchi bewusst verletzen wollte und ihn nicht mehr in ihrer Nähe haben will. Diese Einschätzung ist jedoch zur Zeit nicht möglich, denn die Gefahr, dass Strolchi erneut verletzt wird, ist einfach zu groß. Aus diesem Grund wird Dana im ersten Schritt an einen Maulkorb gewöhnt. So kann sie bei einem Zusammentreffen mit Strolchi diesem keine Verletzung zufügen. Frau Schrötgens findet die Vorstel-lung, dass Dana nun mit einem Maulkorb herumlaufen soll, furchtbar, sieht jedoch die Notwendigkeit für diese Vorsorge-maßnahme ein.

 Wichtig

Sicherheit

Führt man einen Test durch, um das Verhal-ten eines oder auch mehrerer Hunde einzuschätzen, steht die Sicherheit aller Beteiligten immer im Vordergrund. Bei einem Test darf niemals eine Verletzung der am Test beteiligten Men-schen und Hunde riskiert werden.

Dana tobt gerne durch das ganze Wohnzimmer und springt dabei von Couch zu Couch.

![Foto der Interviewsituation]

Der Hundeprofi erklärt Frau Schrötgens, wie sie Dana an den Maulkorb gewöhnt.

 **Info**

Der richtige Maulkorb

Wenn man einen Hund sorgfältig an einen Maulkorb gewöhnt, ist dieser für den Hund genauso normal und selbstverständlich wie zum Beispiel ein Halsband oder ein Geschirr. Dabei ist es allerdings wichtig, dass man einen Maulkorb verwendet, der dem Hund genügend Bewegungsfreiheit bietet, damit er in der Lage ist, ungestört zu hecheln und zu trinken. Er muss jedoch so angepasst werden, dass er nicht von der Nase gezogen werden kann! Geeignet sind zum Beispiel Korbmaulkörbe aus Stahl, Plastik oder Leder. Sie bieten zudem den Vorteil, dass man dem Hund Futterstücke hindurchstecken kann. Ein Nylonmaulkorb, der das Maul des Hundes fest umschließt, ist immer nur als Notlösung für den kurzfristigen Einsatz geeignet.

Gewöhnung an den Maulkorb

Die Gewöhnung an den Maulkorb muss in kleinen Schritten
erfolgen. Am besten trainiert man mit kleinen Futterstücken, die
der Hund gerne mag. Zunächst einmal lässt man ihn am Maulkorb schnüffeln und belohnt ihn dafür mit einem Futterstück.
Dann legt man ein Futterstück in den Maulkorb und lässt es
den Hund herausholen. Zeigt er dabei keine Angst, kann man
ihm durch den Korb weitere Futterstücke zustecken. In einem
nächsten Schritt schließt man nun die Schnalle des Maulkorbes.
Der Hund bekommt wieder eine Belohnung und der Maulkorb
wird sofort danach wieder geöffnet und abgenommen. Nach
einigen Wiederholungen bleibt der Maulkorb für einen immer
längeren Zeitraum geschlossen, der Hund muss in dieser Zeit
aber beschäftigt werden. Man kann nun dazu übergehen, kleinere Übungen wie zum Beispiel „Sitz" oder „Gib Pfötchen"
durchzuführen. Über die Beschäftigung vergisst der Hund den
Maulkorb und das ungewohnte Gefühl normalisiert sich. Bald
verkündet der Maulkorb sogar etwas Angenehmes, der Hund
weiß, dass nun eine spannende Trainingseinheit beginnt. Später kann man den Hund dann auch auf dem Spaziergang mit
dem Maulkorb führen. Die Gewöhnung ist bei regelmäßigem
Training innerhalb von ein bis zwei Wochen durchführbar.

Frau Schrötgens übt mit
Dana das Anlegen des
Maulkorbes.

Zusammentreffen beider Hunde

Beim zweiten Besuch von Martin Rütter ist Dana sehr gut an den Maulkorb gewöhnt. Nun wird es spannend, beide Hunde werden ins Wohnzimmer gelassen. Frau Schrötgens ist ziemlich aufgeregt, aber sie fühlt sich dank des Maulkorbes doch sicher. Die beiden Hunde begrüßen sich aufgeregt wedelnd und fangen direkt ein wildes Spiel miteinander an. Das Spiel wird immer rauer, keiner der beiden lässt sich hier etwas nehmen. Strolchi stupst Dana mit der Pfote ins Gesicht, woraufhin diese ihn mit der Schulter anrempelt, so dass er zu Boden geht. Doch schon folgt die Abwehr, Strolchi reitet auf Dana auf, beide Hunde kugeln miteinander über den Boden. Dabei wird laut geknurrt und beide Hunde reißen ihr Maul weit auf.

Frau Schrötgens ist beim ersten Kontakt der beiden Hunde sehr nervös.

1) Dana und Strolchi nehmen nach langer Zeit wieder Kontakt miteinander auf.

2) Die beiden Hunde beginnen sofort ein gemeinsames Tobespiel.

3) Das Spiel der beiden Hunde ist sehr rau.

4) Strolchi hat keine Angst vor Dana, er spielt begeistert mit!

5) Dana möchte Strolchi nicht verletzen, sie legt sich im Spiel sogar hin.

Analyse– grobes Spiel mit Folgen

Beide Hunde gehen im Spiel sehr rau und grob miteinander um, dieses Verhalten ist aber rassetypisch. Denn sowohl der Jack Russell Terrier als auch der Deutsch Drahthaar sind Rassen, die für den jagdlichen Einsatz gezüchtet wurden und so eine gewisse Härte mit sich bringen müssen. Ein Jagdhund darf nicht empfindlich sein, denn er muss zum Beispiel auch durch Dornen und Gebüsch dem Wild hinterherlaufen. Die Hunde haben daher kein grundlegendes Problem miteinander, keiner möchte den anderen bewusst verletzen oder sogar töten. Man wird sie wieder aneinandergewöhnen können, eine dauerhafte Trennung ist nicht nötig.

Das Verhalten der Menschen nach diesem Vorfall hat die Hunde jedoch zusätzlich verunsichert, weshalb Dana den Maulkorb auch weiterhin bei Begegnungen der beiden Hunde tragen soll.

Dana hat Spaß am Apportiertraining.

In diesem Fall dient er den Menschen, damit diese bei der Begegnung Sicherheit ausstrahlen und keine Unsicherheit auf die Hunde bei der neuen Kontaktsituation übertragen. Erst wenn Frau Schrötgens sich sicher ist, dass nichts passieren wird, dürfen beide Hunde auch wieder ohne Maulkorb zusammen sein.

Mehr Beschäftigung für Dana

Zudem ist Dana einfach ein junger und vor allem unterbeschäftigter Hund. Als Jagdhund wurde sie für die Zusammenarbeit mit dem Menschen gezüchtet, und so braucht sie dringend geistige Anregungen. Stundenlanges Toben auf der Wiese mit Strolchi lastet sie zwar körperlich aus, reicht ihr jedoch nicht. Da die jagdliche Ausbildung von Dana bedingt durch ihre schwere Krankheit bisher noch nicht begonnen hat, muss in weiteren Trainingseinheiten ein Beschäftigungsprogramm für sie erarbeitet werden.

Dana tobt gerne ausgelassen durch den Garten.

Training – der Mensch lenkt

Jeder Hund bekommt ab sofort einen eigenen Platz zugewiesen, den er auf Signal des Menschen hin aufsuchen soll. Dort muss er dann bleiben, bis Herr oder Frau Schrötgens das Signal wieder auflösen. So haben sie die Möglichkeit, die Hunde räumlich zu trennen, wenn sich das Spiel wieder einmal zu sehr aufgeschaukelt hat. Am besten eignet sich für das Training ein Körbchen, denn dieses ist für uns Menschen genauer definiert. Der Hund muss vollständig in seinem Korb liegen. Verwendet man lediglich eine Liegedecke, besteht die Gefahr, dass der Hund den Liegebereich weiter ausdehnt, indem er immer wieder ein Stückchen weiter von der Decke rutscht.

Training „Geh auf deinen Platz"

Man führt den Hund zum Körbchen und gibt ihm ein Signal, wie zum Beispiel „Kiste". Dies bedeutet, dass er sich zum Körbchen begeben und dort hinlegen soll. Warten Sie so lange am Körbchen, bis sich Ihr Hund hingelegt hat, dann erst wird er belohnt. Er soll nicht durch ein zweites Signalwort wie zum Beispiel „Platz" eine zweite Möglichkeit haben, ein Lob zu bekommen. Schritt für Schritt dehnt man nun den Zeitraum aus, den der Hund im Körbchen liegen muss, bis er eine Belohnung bekommt. Anfangs reichen fünf Sekunden, dann zehn, später auch mal eine Minute. Danach werden die Zeitabstände immer

Martin Rütter zeigt Frau Schrötgens, wie sie Dana auf ihre Decke schicken kann. Im nächsten Versuch wird auch für Dana ein Korb bereitgestellt.

länger und sollten variieren, denn der Hund soll auf Dauer lernen, im Körbchen zu entspannen und nicht aufgeregt auf das nächste Futterstück zu warten. Aber Vorsicht: Vergessen Sie nicht, dass Sie Ihrem Hund ein Signal für das Körbchen gegeben haben. Steht Ihr Hund nämlich einmal auf, ohne dass die Übung von Ihnen beendet wurde, müssen Sie ihn sofort wieder in das Körbchen zurückbringen. Dabei braucht man jedoch nicht mit dem Hund zu schimpfen, jeder macht einmal einen Fehler, die gewählte Zeit war eben einfach noch zu lang. Bringen Sie Ihren Hund ruhig zurück ins Körbchen und belohnen Sie ihn einfach nach einem etwas kürzeren Zeitabschnitt. Er darf jedoch nicht direkt nach dem Zurückbringen belohnt werden, denn dann würde man ihn für eine Korrektur belohnen! Dadurch würde er lernen, dass sich das Aufstehen aus dem Korb lohnt. Ist die Übung beendet, gehen Sie zu ihm hin und holen ihn mit einem Auflösesignal, wie zum Beispiel „Lauf", aus dem Körbchen heraus.

Anfangs stehen Sie bei dieser Übung direkt neben dem Korb. Später können Sie sich auch weiter entfernt im Raum aufhalten oder sogar bewegen. Schicken Sie Ihren Hund aus immer weiteren Entfernungen zum Korb. Für diese Übung benötigen Sie bei regelmäßigem Training etwa vier bis sechs Wochen! Dieses Training muss Frau Schrötgens nun mit beiden Hunden einzeln durchführen. Erst einmal müssen sie ohne Ablenkung durch den anderen verstehen, was Frau Schrötgens von ihnen will. Später darf sie aber niemals nur einen der beiden auf die

 Tipp

Absicherung

Hat man einen sehr aktiven und unruhigen Hund wie zum Beispiel den Jack Russell Terrier Strolchi, kann man anfangs auch eine Leine zu Hilfe nehmen. Diese wird einfach an einem fest angebrachten Haken in der Wand hinter dem Körbchen befestigt. Nun kann man den Hund ins Körbchen führen und ihn dort anleinen. So kann er das Körbchen nicht ohne das Auflösesignal des Menschen verlassen.

Decke schicken, sonst bekommt dieser Frust, wenn der andere frei „vor seiner Nase" herumlaufen darf. Dies könnte bei erneutem Freilauf zu einer heftigen Korrektur des anderen führen.

Beenden einer Handlung

Damit die Familie die Hunde nun aber überhaupt aus einem Spiel heraus auf die Decke schicken kann, muss zusätzlich ein Abbruchsignal trainiert werden (siehe Info), aufgrund dessen die beiden Hunde ihr Spiel unterbrechen. Hier darf Frau Schrötgens den Hunden ruhig auch einmal zeigen, dass sie einen solch ruppigen Umgang miteinander nicht wünscht. Auch ein solches Signal sollte vorab in einer anderen, nicht so erregten, Situation aufgebaut werden, denn die Hunde müssen ja zunächst einmal lernen, dass mit diesem Signal ein Verhalten sofort eingestellt werden soll.

Dana und Strolchi finden wieder zusammen

Beim letzten Besuch des Hundeprofis laufen beide Hunde gemeinsam im Haus herum, Dana trägt nicht einmal mehr einen Maulkorb. Sie spielen oft miteinander, Frau Schrötgens achtet aber weiterhin darauf, dass das Spiel nicht zu wild wird. Aber es gibt inzwischen sogar ruhige Momente zwischen den beiden Hunden, manchmal liegen sie sogar in einem Körbchen und kuscheln zärtlich miteinander. Damit Dana noch besser ausgelastet wird, startet der Sohn der Familie nun mehrmals

Dana und Strolchi kuscheln jetzt sogar oft zusammen in einem Körbchen.

Info

Abbruchsignal „Schluss"

„Schluss" hat die Bedeutung: „Hör sofort auf mit dem, was du da gerade tust." Es stellt sozusagen den Abbruch einer Handlung dar, die ansonsten aber durchaus erlaubt, ja sogar erwünscht ist. Zum Beispiel ein gemeinsames Sozialspiel zwischen Mensch und Hund.

Eine Möglichkeit, dem Hund das verständlich zu machen, ist mit der Beendigung des Spiels. Man spielt mit seinem Hund ausgelassen und freudig, und plötzlich mitten im Spiel erfolgt ruhig ausgesprochen das Wort „Schluss". Daraufhin dreht sich der Mensch weg und beteiligt sich ohne Wenn und Aber nicht mehr am Spiel. Das Signal „Schluss" kann jede Art der Handlung, auch alltägliche, beenden. Kaut der Hund zum Beispiel an einem Knochen, können wir diese Handlung mit „Schluss" beenden und den Knochen wegnehmen (natürlich nur bei einem nicht futteraggressiven Hund!). Auch das Training können wir mit dem Signal „Schluss" beenden. Wichtig ist, dass der Hund die Lernerfahrung macht, dass „Schluss" nicht automatisch bedeutet, dass diese Handlung nie mehr stattfinden soll, sondern, dass sie nur gerade jetzt nicht mehr stattfindet. Bei all diesen Handlungen ist „Schluss" zwar Beendigung von etwas Schönem, aber es ist trotzdem keine Korrektur für den Hund. Infolgedessen wird er es keinesfalls als etwas Negatives empfinden.

am Tag mit ihr ein ausgelassenes Apportierspiel. Dummys, Bälle und andere Spielzeuge fliegen durch den Garten und Dana darf ausgelassen hinterherrennen und sie zurückbringen. Hier kann sie einmal so richtig Dampf ablassen, so dass sie auch im Haus viel ruhiger wird.

Frau Schrötgens ist glücklich, dass Dana nun bei ihnen bleiben kann.

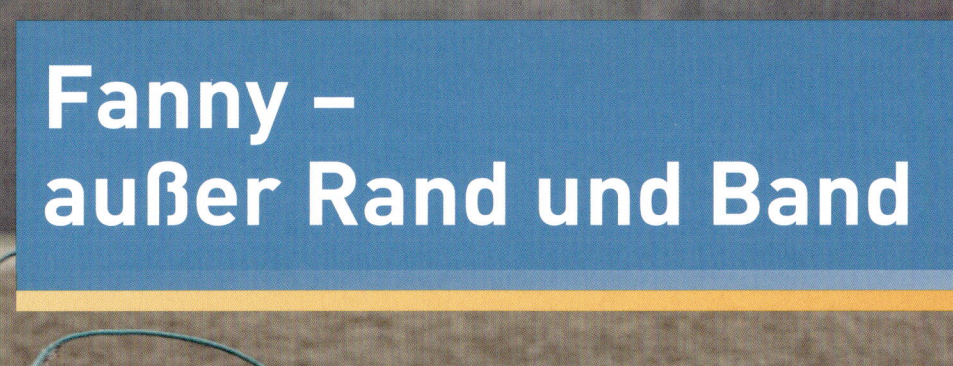

Fanny –
außer Rand und Band

Vorgeschichte – nach dem Senior ein Welpe

Einmal ein Labrador, immer ein Labrador! Nachdem der 14 Jahre alte Labrador Retriever der Familie Raff vor gut zwei Jahren gestorben war, stand für die beiden sofort fest: Es muss wieder ein Labrador ins Haus. Denn schließlich gelten diese Hunde doch als ideale Familienhunde. Dieses Argument war besonders bedeutsam, da seit drei Jahren der kleine Lennart das Leben von Familie Raff teilt und weiterer Nachwuchs nicht ausgeschlossen ist. Ein Züchter in der Nähe war schnell gefunden, und so zog vor anderthalb Jahren die kleine Fanny, eine schwarze Labrador Retriever Hündin, in das Haus der Raffs ein. So ein kleiner Welpe bedeutete natürlich mehr Arbeit, als die Familie es von ihrem alten Labradorrüden gewohnt war, aber darauf hatte man sich schließlich eingestellt. Und die Welpenzeit geht ja auch irgendwann einmal vorbei, der Hund wird erwachsen und vernünftig.

Familie Raff beim Frühstück: Fanny ist immer ganz nah dabei.

Problem – ein Labi mit viel Temperament

Fanny war von Anfang an ein sehr temperamentvoller Hund. Und das ist sie auch heute noch. Selbst stundenlange Spaziergänge lasten sie nicht aus, sie geht zu Hause über Tisch und Bänke. Dabei ist nichts vor ihr sicher, alles, was sie erreichen kann, wird geklaut und zerstört. Dabei ist es Fanny egal, ob es sich um das Spielzeug von Lennart handelt oder aber um Fernbedienung und Handy. Fanny bleibt auch nicht alleine, ohne dass sie Dinge zerstört. Da werden Wände angeknabbert, die Tapete heruntergerissen oder das Sofa geschreddert. Besonders anstrengend wurde das Leben in den letzten sechs Monaten, denn seit drei Monaten gibt es weiteren Nachwuchs: Der kleine Paul wurde geboren. Familie Raff hat nun nicht nur Angst, dass die Kosten für die Schäden immer weiter ansteigen, sondern auch, dass Fanny mit ihrem ungestümen Verhalten das Baby verletzen könnte. Denn auch wenn die Familie da ist, springt und tobt Fanny durch das Zimmer. Kommt Besuch, wird dieser angesprungen, abgeleckt und nicht mal für eine Minute in Ruhe gelassen. Bei all dem ist Fanny so wie ein Labrador sein soll: immer freundlich und niemals aggressiv. Jedoch ist das auch kein Argument, wenn sich der Besuch kaum ihrer Zunge erwehren kann und Fanny auf deren Schoß herumhüpft.

Da Fanny inzwischen die Spielregeln akzeptiert und viel dazugelernt hat, darf sie auch wieder mit auf die Couch.

Der Hundeprofi zu Besuch

Martin Rütter braucht nicht lange, um den Grund für Fannys Verhalten zu erkennen. Sie versucht weder, die Familie zu dominieren, noch zeigt sie den Kindern gegenüber dominantes Verhalten. Daher bringen auch Ratschläge, wie den Hund nicht mehr auf das Sofa zu lassen, die man der Familie gegeben hat, hier gar nichts. Fanny darf gerne mit der Familie zusammen auf dem Sofa kuscheln, aber sie braucht Beschäftigung! Dabei hat Frau Raff doch alles getan, damit Fanny zu einem gut erzogenen Hund wird. Sie war mit ihr in der Welpenschule und im Erziehungskurs, und auch jetzt lässt sie Fanny auf den Spaziergängen Leckerchen suchen, damit sie beschäftigt ist. Der Hundeprofi ist nun Rettung in letzter Not – wenn Fanny ihr Verhalten nicht ändert, kann sie nicht bei der Familie bleiben. Denn wie soll das erst werden, wenn Paul anfängt zu krabbeln? Die Gefahr, dass dem Baby etwas passiert, ist einfach viel zu groß.

Analyse – mehr Abwechslung für Fanny

Ein Labrador Retriever ist vom Ursprung her ein Jagdhund, der dementsprechend viel Temperament und Ausdauer mit sich bringt. Ein solcher Hund ist durch einen mehrstündigen Spaziergang nicht ausgelastet, er braucht geistige und körperliche Beschäftigung. Fanny muss durch ein gezieltes Apportiertraining sowie durch Nasenarbeit ausgelastet werden, also Beschäftigungsformen, für die sie ursprünglich einmal gezüchtet wurde. Erst dann wird sie im Haus ruhiger werden. Zudem muss Fanny lernen, entspannt auf ihrem Platz zu liegen, wenn die Kinder herumlaufen.

Daher sollte das Kinderzimmer für Hunde immer tabu sein. Im Umkehrschluss bringt man einem Kind als Erstes bei, dass die Liegeplätze des Hundes tabu sind. Dennoch kann man einen unglücklichen Zwischenfall nur vermeiden, wenn man Kind und Hund niemals alleine lässt. Es muss immer ein Erwachsener anwesend sein, der im Notfall eingreifen kann. Oftmals hilft es hier, den Hund an eine Box zu gewöhnen. Diese Box ist für ihn eine sichere Höhle, in die er sich zurückziehen kann, und der Mensch kann sich sicher sein, dass der Hund für eine kurze Zeit auch wirklich auf seiner Stelle liegen bleibt.

 Info

Kind und Hund

Das Zusammenleben von Kind und Hund kann schnell problematisch werden, wenn man sich nicht an einige Regeln hält. Ein Hund sieht ein Kind als „Welpen"und höchstens als Spielgefährten an. Wird das Kind aus Sicht des Hundes frech, kann es sein, dass der Hund erzieherische Maßnahmen ergreift, indem er das Kind zum Beispiel durch einen Schnauzgriff korrigiert. Dies kann natürlich fatale Folgen haben.

Fanny ist ganz aufgeregt, als das Apportierspiel beginnen soll.

Apportieren – die Leidenschaft der Retriever

Fanny muss zunächst einmal lernen, einen Gegenstand sicher zurückzubringen. Im Moment findet sie Bälle zwar sehr lustig und rennt hinterher, wenn diese geworfen werden. Hat sie den Ball jedoch im Maul, läuft sie damit herum und dreht große Runden um Frauchen. Sie denkt gar nicht daran, mit der Beute zurückzukommen, Beute gehört ihr! Irgendwann findet sie den Ball dann nicht mehr spannend und lässt ihn liegen, so dass Frau Raff ihn einsammeln kann. Fanny bestimmt somit den Verlauf des Spiels.

Selbst die Filmkamera stört Fanny nicht beim Apportieren.

Sie soll nun jedoch lernen, sich durch das Apportiertraining an Frau Raff zu orientieren. Hat Fanny gelernt, Gegenstände zurückzubringen, kann Frau Raff dieses Verhalten auch nutzen, wenn Fanny doch noch einmal einen Gegenstand geklaut hat. Sie gibt ihr einfach das trainierte Signal und lässt sich diesen bringen.

Absicherung durch die Schleppleine

Das Training wird genauso begonnen wie mit einem Welpen – zunächst einmal an der Schleppleine. Der Hund sollte dabei ein Geschirr und der Mensch Handschuhe tragen, damit es nicht zu Verletzungen kommt. Hat Fanny den Ball aufgenommen, lockt Frau Raff sie in freundlichem Ton zu sich und verkürzt dabei die Leine. Für das Abgeben des Balles bekommt Fanny dann ein Leckerchen. Sobald Fanny diese Übung verstanden hat, muss man das Training variieren, da es sonst schnell zu langweilig wird. Man kann zum Beispiel die Grundsignale mit in das Training einbauen, oder aber auch mehrere Apportiergegenstände verwenden.

Trainingsvarianten

1. So lernt Fanny als Nächstes, dass sie sitzen bleiben muss, während Frau Raff weggeht und den Gegenstand wirft. Fanny darf erst loslaufen, wenn Frau Raff zu ihr zurückgekommen ist und ihr das Signal „Bring" gegeben hat.

2. In der nächsten Übung entfernt sich Frau Raff von Fanny, wirft den Gegenstand aus, und schickt Fanny dann von dort aus zum Apportieren.

3. Führt Fanny diese beiden Übungen zuverlässig durch, kann Frau Raff noch weitere Signale in das Training mit einbauen. So kann sie Fanny erst das Signal „Down" geben, bevor diese den Gegenstand apportieren darf.

4. Als weitere Variante kann Frau Raff Fanny zunächst zu sich rufen, bevor sie ihr dann das Signal zum Apportieren gibt.

5. Kommt Fanny zuverlässig erst zu Frau Raff und ignoriert den Gegenstand, kann das Abrufen noch schwieriger gestaltet werden, indem Fanny erst zum Gegenstand geschickt und dann auf halber Strecke wieder abgerufen wird.

6. Eine weitere Steigerung der Schwierigkeit erfolgt durch das Verwenden mehrerer Gegenstände. Frau Raff wirft erst noch einen zweiten Gegenstand in eine andere Richtung, bevor sie Fanny einen nach dem anderen apportieren lässt.

Diese Übungen beanspruchen Fanny geistig, sie muss nun immer genau aufpassen, welches Signal Frau Raff gibt, damit sie die richtige Übung durchführt und ihre Belohnung bekommt. Damit Fanny aber auch körperlich einmal so richtig Dampf ablassen kann, startet Martin Rütter in einem nächsten Schritt ein Training mit der Reizangel.

Fanny apportiert mit Begeisterung alles, was Frau Raff wirft, auch ein sogenanntes „Dummy".

Fanny lernt das Spiel mit der Reizangel kennen.

Reizangel – ein Erziehungsspiel mit vielen Vorteilen

Die Reizangel ist eine tolle Sache für Hunde, die sehr agil sind, gerne hetzen und körperlich gesund sind (keine Probleme mit den Gelenken haben). Als Reizangel kann man eine alte, maximal auf zwei Meter abgesägte Angel nutzen. An die Öse an der Spitze der Angel kommt ein dicker Faden / eine Schleppleine mit einer Länge von ca. zwei Metern. An das Ende der Leine wird der zu hetzende Gegenstand geknotet. Eine Angel liegt sehr gut in der Hand und ist deswegen gut geeignet. Sie können aber auch einen alten Besenstiel nehmen.

Lassen Sie Ihren Hund nun sitzen und werfen Sie, wie er es vom Apportiertraining her kennt, die Beute aus. Dann schicken Sie ihn mit Ihrem Apportier-Signal los, den Gegenstand zu bringen. Wenn Ihr Hund kurz vor der Beute angekommen ist, bewegen Sie die Angel, so dass sich die Beute ein kurzes Stück vom Hund entfernt.

Langsam beginnen

Bei den ersten Versuchen ist es wichtig, dass Sie sehr vorsichtig vorgehen. Schon oft habe ich erlebt, dass die Hunde stark verunsichert sind, wenn der Apportier-Gegenstand plötzlich zum

Leben erwacht. Deswegen soll der Gegenstand nur ein paar Zentimeter weggezogen werden, wenn der Hund ihn packen will, er darf ihn sofort bekommen und Ihnen bringen. Nun können Sie Schritt für Schritt die Schwierigkeit steigern, damit der Hund den Gegenstand wirklich hetzen muss, bis er ihn packen und apportieren kann.

Trainingsvarianten

Klappt das, kann man auch hier wieder Varianten einbauen. Der Hund muss zum Beispiel erst noch eine Zeit lang warten und zuschauen, wie der Gegenstand durch die Gegend flitzt, bevor er das Signal zum Hetzen bekommt. Man kann den Hund auch während des Hetzens abrufen oder ins „Down" legen, was vielen Hunden zu Beginn sehr schwer fällt, da sie nun natürlich vollkommen in ihrem Element sind. Trainieren Sie diese Variante daher anfangs, wenn der Hund gerade nicht so intensiv dem Gegenstand hinterherrennt und sich zudem nicht direkt dahinter befindet. Je besser das klappt, desto mehr und schneller können Sie den Hund hetzen lassen, bevor Sie ihn abrufen. Es macht viel Spaß, aber es ist auch eine Herausforderung an das Mensch-Hund-Team. Lässt der Hund sich während des Hetzens ablegen oder abrufen, wird das eine echte Hilfe in Alltagssituationen sein, die der Hund als starke Ablenkung empfindet.

Eine weitere Möglichkeit, Fanny auszulasten, ist intensive Nasenarbeit. Hier bietet sich ein Fährtentraining an, das man auch dort gut durchführen kann, wo man den Hund nicht ableinen darf.

Mit viel Action hetzt Fanny dem Ball an der Reizangel hinterher.

Fährten – der Spur folgen

Beim Fährtentraining legt man zunächst einmal eine Spur mit gut riechenden Leckerchen, wie zum Beispiel Fleischwurst. Dabei tritt man besonders deutlich auf, damit der Hund neben der Fleischwurstspur auch die Spur der Fußtritte verfolgen lernt. Der Hund darf beim Auslegen der Fährte aber nicht zuschauen, sonst würde er abkürzen und direkt zum Ende laufen. Am Ende liegt dann nämlich zum Beispiel ein besonderes Leckerchen.

Für den Anfang eignet sich eine kurze, aber nicht frisch gemähte Wiese sowie leicht feuchtes Wetter! Die erste Fährte darf nicht zu lang, aber auch nicht zu kurz sein, denn die Hunde brauchen immer auch einige Zeit, um sich auf die Spur einzulassen. Eine Gerade von etwa 80 bis 100 Meter ist dabei optimal. Später kann man auch Winkel und Bögen einbauen.

Der Hund wird nun an den Startpunkt der Fährte gesetzt, die deutlich mit einem Markierstab und besonders vielen Leckerchen gekennzeichnet ist. Er trägt dabei ein Geschirr und wird an der Schleppleine geführt. Der Mensch zeigt auf die Fährte und schickt den Hund zum Suchen. Anfangs bleibt er noch direkt hinter dem Hund, später kann er auch mal fünf bis zehn Meter hinter ihm bleiben. Der Hund sucht nun Schritt für Schritt

Frau Raff zeigt Fanny ihre erste Fährte.

Tipp

Fährtenspur

Manche Hunde überlaufen viele Leckerchen und fühlen sich durch das ständige Aufnehmen der Leckerchen gestört. Diese Hunde haben das Prinzip der Suche bereits verstanden, hier kann man als Hilfe auch einfach „Leberwurstwasser" nehmen. Man löst einen Löffel Leberwurst in warmem Wasser auf und verspritzt dieses beim Legen der Fährte. Der Hund hat nun den tollen Fleischgeruch in der Nase und kann ihn verfolgen, wird aber nicht durch die ständige Futteraufnahme gestört.

die Fährte ab, wird er unsicher, hilft ihm der Mensch und zeigt ihm den Verlauf der Fährte.

Beim Fährtentraining zeigt sich, dass dieses Verhalten für Hunde sehr natürlich ist, denn in der Regel hat ein Hund bereits beim zweiten oder dritten Mal verstanden, was von ihm verlangt wird. Auch wenn der Hund lediglich ein paar Minuten für das Absuchen der Fährte benötigt, ist er danach erschöpfter als nach einem stundenlangen Spaziergang.

Fanny setzt sofort ihre Nase ein und beginnt die Fährte abzusuchen.

Welpentraining –
der gute Start von
Anfang an

Kommt der Welpe mit acht Wochen in sein neues Zuhause, beginnt eine spannende Zeit für ihn und seine Menschen.

Ein Welpe zieht ein

Soll ein neuer Hund in die Familie einziehen, entscheiden sich viele Menschen für einen Welpen. Diesen können sie entsprechend ihrer Bedürfnisse formen und optimal auf das spätere Leben vorbereiten. Im Idealfall zieht der Welpe mit etwa acht Wochen bei seiner neuen Familie ein. Die nun folgenden acht Wochen sind für die Entwicklung des jungen Hundes sehr wichtig! In dieser Phase, der Prägungsphase (siehe S. 9), lernt der Hund seine Umwelt kennen, er entwickelt eine Bindung zu seinen neuen Haltern und erlernt die Grundregeln im Zusammenleben mit ihnen. Wer sich in dieser Zeit an einige Regeln im Umgang mit dem jungen Hund hält, wird später einmal kaum Probleme mit ihm haben.

Der Einzug

Nach sorgfältiger Auswahl eines guten Züchters ist endlich der Tag gekommen, an dem das neue Familienmitglied einzieht. Erkunden Sie mit Ihrem Welpen zusammen die Wohnung, lassen Sie ihn aber noch nicht überall herumlaufen. Ihr Welpe braucht von Anfang an Grenzen, diese können Sie ihm auch räumlich leicht aufzeigen. Nach der Autofahrt muss sich Ihr

Kleiner bestimmt einmal lösen. Da ein Welpe noch nicht von
Anfang an stubenrein ist, sollten Sie nun direkt den Ort aufsuchen, an dem er sich in nächster Zeit lösen soll.

Stubenreinheit

Damit Ihr Welpe möglichst schnell stubenrein wird, sollten Sie
einen Platz in der Nähe Ihrer Wohnung aufsuchen, wie z. B.
eine Ecke hinten im Garten oder aber einen Feldweg neben
Ihrer Wohnung. Anfangs muss ein Welpe ständig: Nach dem
Schlafen, nach dem Fressen, nach dem Spielen und sowieso
mindestens alle zwei bis drei Stunden! Sie können auch am
Verhalten Ihres Welpen erkennen, dass er gleich muss: Er wird
unruhig suchend herumlaufen. Spätestens dann nehmen Sie
ihn auf den Arm und tragen ihn nach draußen. Dort warten
Sie solange, bis er sich löst. Loben Sie ihn mit ruhiger Stimme,

Bringen Sie Ihren Welpen
nach jedem Schlafen,
Fressen und Spielen nach
draußen, damit er sich lösen
kann.

Info

Das Malheur ist passiert

Was soll man tun, wenn der Welpe doch einmal auf den wertvollen Teppich uriniert? Nichts! Würden Sie nun mit Ihrem Welpen schimpfen oder ihn sogar körperlich bestrafen, kann Ihr Welpe dies nicht mehr mit der vor längerer Zeit durchgeführten Handlung verknüpfen. Lob und auch Strafe müssen immer unmittelbar mit der Handlung in Verbindung stehen, sie müssen in einem Zeitraum von maximal zwei Sekunden auf die Handlung folgen. Ansonsten besteht die Gefahr, dass Ihr Welpe entweder eine ganz andere Handlung mit Ihrer Strafe verknüpft oder aber Ihnen gegenüber unsicher wird, da Sie für ihn vollkommen willkürlich böse werden. Wischen Sie das Malheur einfach weg und bringen Sie Ihren Welpen beim nächsten Mal früher hinaus.

denn brechen Sie jetzt in laute Jubelschreie aus, kann es sein, dass Ihr Welpe sein Geschäft unterbricht. Damit Ihr Hund sich später einmal auf Ihr Signal hin löst, können Sie das Lösen jedes Mal mit einem Wort wie z. B. „Mach fein" unterstützen. Mit der Zeit wird Ihr Hund dieses Signal mit der Handlung verknüpfen. Das ist besonders vor einer längeren Autofahrt praktisch, denn mit diesem Signal kann man seinen Hund animieren, vorab sein Geschäft zu erledigen.

Jeder Hund braucht einen Platz, auf dem er seine Ruhe hat und nicht gestört wird. Beginnen Sie das Training gleich mit Ihrem Welpen.

Hat Ihr Hund gelernt, auch einmal für längere Zeit in seinem Korb zu bleiben, können Sie dies in vielen Situationen nutzen (während des Essens, wenn Besuch kommt, usw.).

Unruhige Nächte

Auch Nachts müssen Sie Ihren Welpen anfangs nach draußen lassen. Wenn er in einer Box neben Ihrem Bett schläft, merken Sie schnell, wenn er unruhig wird und hinaus muss. Zudem verhindert die Box, dass er nicht einfach eine Ecke im Schlafzimmer aufsuchen kann, um sich zu lösen. Denn auf den eigenen Schlafplatz würde ein Welpe nur im Notfall urinieren! Daher sollten Sie Ihren Welpen als Nächstes an einen festen Platz gewöhnen.

Zuweisen eines Platzes

Ihr Welpe sollte auf jeden Fall mindestens zwei feste Liegeplätze zugewiesen bekommen. Dabei sollten die Plätze so gewählt werden, dass Ihr Hund nicht mitten im Raum oder direkt neben einer Tür liegt, er soll an seinem Platz zur Ruhe kommen können. Denn dies ist die Bedeutung seines Liegeplatzes: Hier wird er in Ruhe gelassen, weder Kinder noch Besuch stören ihn, er kann sich entspannen und schlafen. Nachts darf er gerne neben Ihrem Bett im Schlafzimmer liegen, ein Rudel schläft und lebt zusammen und gibt sich dadurch Sicherheit. Daher sollte der Platz, den Sie wählen, nicht zu fern vom Geschehen sein, denn Ihr Hund soll sich ja von Ihnen beschützt und umsorgt fühlen.

Eine Hundebox ist sehr praktisch – sie kann als Schlafplatz, zur kurzen „Aufbewahrung" des Welpen und auch während der Autofahrt genutzt werden.

Die Hundebox

Nicht nur Nachts bietet sich eine Box als Liegeplatz an, auch tagsüber wird es immer wieder Situationen geben, in denen man den Welpen kurzfristig unbeobachtet lassen muss. Auch wenn Sie nur ganz kurz hinausgehen, um die Post vom Briefträger in Empfang zu nehmen, kann Ihr Welpe in dieser Zeit schon ein richtiges Chaos anrichten: Kabel zerkauen, die Fernbedienung vom Tisch klauen oder in den Blumentöpfen wühlen. Und das ist nicht nur ärgerlich und eventuell auch kostenintensiv, es kann sogar lebensgefährlich für den Welpen sein.

Gewöhnung an eine Box

Natürlich müssen Sie den Welpen zunächst einmal an die Box gewöhnen. Stellen Sie die Box am vorgesehenen Platz auf und werfen Sie ein paar Futterbrocken hinein. Anfangs liegen diese vorne am Eingang, später wenn sich Ihr Welpe in die Box hinein traut, auch ganz weit hinten. Sie können dann dazu übergehen und die gesamte Futterration in der Box verfüttern, so muss Ihr Welpe nun bereits einen kurzen Augenblick in der Box verweilen. Nun verlängern Sie Schritt für Schritt die Zeit, in der Ihr Welpe in der Box bleibt. Wenn Sie ihm einen leckeren Kauartikel wie z. B. ein Schweineohr geben, wird er lange Zeit damit beschäftigt sein. Setzen Sie sich währenddessen einfach neben die Box, die Boxentür bleibt aber noch offen. Will Ihr

Diese Leckerei gibt es nur in der Box und macht sie zu etwas ganz Besonderem.

Welpe mit dem Schweineohr aus der Box hinauslaufen, nehmen Sie es ihm wieder ab und bieten es ihm erneut in der Box an. Bleibt Ihr Hund nun bereits einige Zeit in der Box, können Sie die Tür anlehnen. Klappt auch dieses, wird die Tür geschlossen. Bleiben Sie aber zunächst immer noch direkt neben der Box sitzen, so fühlt sich Ihr Welpe nicht verlassen. Nutzen Sie dann die Zeiten, in denen Ihr Welpe müde ist und sich zum Schlafen legt. Nehmen Sie ihn ruhig hoch und tragen Sie ihn in seine Box. Warten Sie, bis er ganz eingeschlafen ist, bevor Sie sich von der Box entfernen.

 Tipp

Was tun, wenn es nicht klappt ...

Fängt Ihr Welpe an, in der Box zu jammern, weil er wieder hinaus will, ignorieren Sie dieses Verhalten einfach. Erst wenn er einen Augenblick ruhig ist, darf er wieder aus der Box. Dies gilt natürlich nicht, wenn Ihr Welpe in Panik ausbricht und Angst zeigt. Sollte er z. B. stark hecheln und erweiterte Pupillen bekommen, müssen Sie ihn sofort wieder aus der Box lassen und das Training später in viel kleineren Schritten fortsetzen.

Einmaleins des Welpentrainings

Gewöhnung an Halsband und Leine

In den ersten Tagen reicht es, wenn Sie sich in Haus und Garten mit Ihrem Welpen beschäftigen. Er muss ja zunächst einmal sein Zuhause kennenlernen und erfahren, wer alles zur neuen Familie gehört. Daher sollte in den ersten Tagen auch noch kein Besuch kommen, auch wenn alle Bekannten furchtbar neugierig sind.

Dann wird es aber Zeit, die Welt zu erkunden. Leider ist es heutzutage unmöglich, einen Hund immer frei laufen zu lassen. Daher steht als nächste Übung die Gewöhnung an Leine und Halsband an. Beginnen Sie das Training zunächst einmal im Haus, hier sind Sie sicher, dass Ihrem Welpen nichts passieren kann.

Als Halsband eignet sich ein breites aus Leder oder Stoff, das sich nicht zusammenzieht. Ein Zughalsband eignet sich für Welpen nicht, da sie so eine ständige Korrektur erfahren, wenn sie in die Leine laufen. Da sie das korrekte Gehen an der Leine aber noch nicht erlernt haben, wäre dies unfair Ihrem Welpen gegenüber. Zudem ist der Kehlkopf eine empfindliche Stelle, an der schnell auch einmal eine Verletzung auftritt. Die Gewöhnung erfolgt in drei Schritten:

Gewöhnen Sie Ihren Welpen langsam an Halsband und Leine.

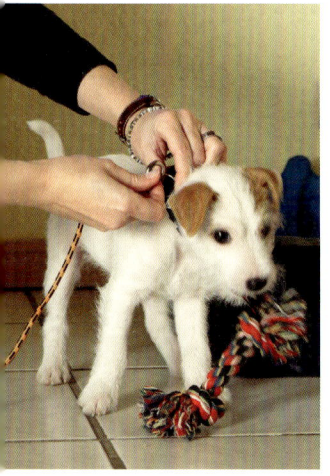

Für diesen kleinen Kerl ist das Halsband und die Leine bereits etwas ganz Normales.

1. Um Ihren Welpen an das Halsband zu gewöhnen, ziehen Sie es ihm an, wenn etwas für ihn besonders Spannendes stattfindet. So können Sie z. B. ein Futtersuchspiel starten: Werfen Sie einen Futterbrocken ein bis zwei Meter von Ihrem Welpen weg und lassen Sie ihn hinterherrennen. Sie können aber auch z. B. mit einem Gegenstand mit Ihrem Hund spielen oder einfach mit ihm zusammen durch den Garten rennen. Hat sich Ihr Welpe an das Halsband gewöhnt, lassen Sie es ihn nach der Spieleinheit immer ein wenig länger tragen.

 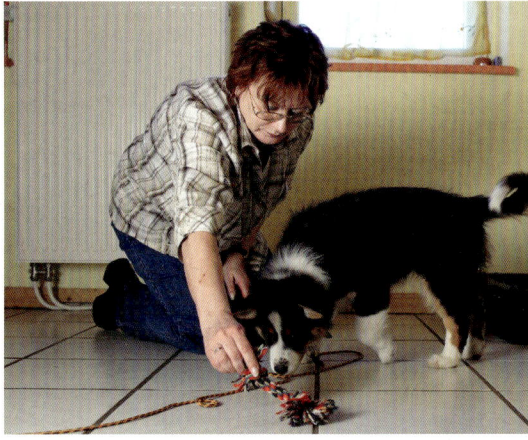

Futtersuchspiele oder auch ein interessantes Spiel lenken den Welpen von dem ungewohnten Halsband und der Leine ab.

2. Im nächstes Schritt gewöhnen Sie Ihren Hund an die Leine. Verwenden Sie dafür eine leichte Leine ohne Haken und Schlaufen. Die Leine lassen Sie anfangs einfach nur hinterherschleifen, Sie halten sie noch nicht in der Hand. Daher darf der Welpe damit nicht hängen bleiben oder sich erschrecken, wenn z. B. ein Haken laut über den Boden scheppert. Die Gewöhnung erfolgt genauso wie die Gewöhnung an das Halsband.

3. Jetzt sind Sie soweit, dass Sie die Leine aufnehmen können. Sie sollte aber nicht zu kurz sein, damit Ihr Welpe nicht immer direkt in die gespannte Leine läuft. An einer ca. drei Meter langen Leine können Sie sogar noch kleinere Spielchen machen.

Leinenführigkeit – die ersten Schritte

Jetzt können Sie das erste Leinenführtraining starten. Locken Sie Ihren Welpen zu sich und gehen Sie zwei bis drei Schritte. Folgt er Ihnen an lockerer Leine, belohnen Sie ihn mit einem Futterbrocken oder einer weiteren Spieleinheit. Ignoriert er Sie, drehen Sie sich von ihm weg und gehen in die andere Richtung. Locken Sie ihn dann erneut und belohnen Sie ihn, wenn er aufmerksam ist. Neben der Leinenführigkeit gibt es noch weitere Grundsignale, die Ihr Welpe lernen muss. Dazu zählt das Signal „Hier" sowie die Signale „Sitz" und „Platz".

Info

Hör- und Sichtzeichen

Hunde kommunizieren hauptsächlich über Körpersprache miteinander, so dass auch der Mensch zusätzlich zum Hörzeichen Sichtzeichen verwenden sollte. Dies kommt dem Hund in seinem Verhalten nahe und erleichtert ihm, seinen Menschen zu verstehen. Zudem können Sie ihm so auch auf weitere Entfernung signalisieren, welches Verhalten er als Nächstes ausführen soll.

Der kleine Aussie ist auf sein Frauchen konzentriert, die Leine hängt durch.

„Sitz" beherrschen bereits die Jüngsten.

Ein Welpe hat sehr viel Spaß am Lernen, wenn sein Mensch gute Laune und Geduld mitbringt.

Sich hinsetzen – „Sitz"

Das Signal, das Hunde am schnellsten lernen, ist das Signal „Sitz". Damit können Sie bereits in den ersten Tagen im neuen Zuhause beginnen. Sie sollten grundsätzlich alle neuen Signale erst einmal zu Hause trainieren. Hier kennt sich Ihr Hund aus und es gibt nur wenig Ablenkung. Erst wenn Ihr Hund das neue Signal zu Hause gut beherrscht, weiten Sie das Training zunächst einmal in den Garten und dann nach draußen in fremde Umgebung aus. Sie müssen die Reize schrittweise steigern, um Ihren Welpen nicht zu überfordern.

Nutzen Sie einen Augenblick, in dem Ihr Welpe in Ihrer Nähe ist. Er sollte aufmerksam, nicht müde und nicht gerade satt sein. Halten Sie einen Futterbrocken in der Hand und lassen Sie Ihren Welpen daran schnüffeln. Viele Welpen setzen sich sofort, da sie so näher mit ihrer Nase am Futterstück sein können. Sollte Ihr Hund sich nicht sofort setzen, führen Sie Ihre Hand leicht nach oben über die Nase Ihres Welpen. Um dem Futterstück zu folgen muss er sich automatisch setzen. In dem Moment, wenn er sein Hinterteil nach unten bewegt, belohnen Sie ihn mit dem Futterstück und einem verbalen Lob. Nach einigen Wiederholungen führen Sie dann das Hörzeichen „Sitz" ein: In dem Augenblick, in dem Ihr Welpe sich setzt, verwenden sie das neue Signal! Parallel dazu erlernt Ihr Hund automatisch auch ein Sichtzeichen, nämlich die erhobene geschlossene Hand.

Wichtig

Futterbetteln

Fördern Sie nicht unbewusst das Betteln und Abverlangen der Übung. Hat Ihr Welpe die Übung verstanden, passiert es schnell, dass er sich von sich aus vor Sie hinsetzt, um ein Futterstück zu bekommen. Wenn Sie nun darauf reagieren, wird Ihr Welpe Sie als einen leicht manipulierbaren Futterautomaten betrachten und keineswegs als einen adäquaten, intelligenten Sozialpartner. Ignorieren Sie sein Bettelverhalten und üben Sie das „Sitz" immer dann, wenn er von sich aus die Übung nicht eingefordert hat. Belohnen Sie ihn auch nicht jedes Mal – die Futterbelohnung sollte für den Hund unvorhersehbar sein.

Unterschiedliche Varianten

Beachten Sie beim Training, dass die Handlung „Sitz" für Ihren Hund etwas vollkommen anderes ist, wenn er sie aus dem Liegen heraus durchführen soll. Ein Hund, der sich bereits zuverlässig aus dem Stehen auf das Signal „Sitz" hinsetzt, reagiert eventuell aus dem Liegen heraus nicht auf das Signal! Für den Hund sind die Übungen zwei verschiedene Handlungsketten, die er Schritt für Schritt einzeln erlernen muss. Einmal muss er dabei die Vorderbeine aufrichten, das andere Mal muss er die Hinterbeine absenken. Werden Sie also nicht ungeduldig und ziehen Ihren Hund am Halsband nach oben, sondern nehmen Sie wie beschrieben auch hier ein Leckerchen zu Hilfe, um Ihren Hund nach oben zu locken.

Für die ersten Übungen bekommt der Welpe noch jedes Mal eine Belohnung. Später wird nur noch hin und wieder belohnt.

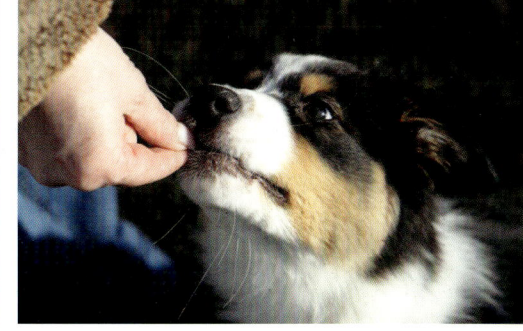

Mit einem Leckerchen wird der Aussie animiert, sich hinzulegen.

Signale auflösen

Lösen Sie anfangs ein Signal möglichst zügig wieder auf, z. B. durch das Wort „Lauf" und eine schwingende Handbewegung. Ihr Hund wird noch nicht geduldig und entspannt liegen oder sitzen bleiben und er soll sich nicht angewöhnen, Übungen selbstständig zu beenden. Später können Sie dann Schritt für Schritt die Zeit verlängern, die Ihr Hund ein Signal ausführen soll, bevor Sie ihm das Auflösesignal geben.

 Wichtig

Eindeutige Signale

Signale müssen eindeutig sein, sonst weiß Ihr Hund nicht genau, was Sie von ihm wollen. Daher sollten sich Sichtzeichen deutlich voneinander unterscheiden und auch Hörzeichen sollten sich klar voneinander abgrenzen. „Sitz" und „Platz" hören sich sehr ähnlich an. Daher bietet es sich an, für das Ablegen ein anderes Signalwort auszuwählen. Welches Wort man wählt, ist grundsätzlich egal, es sollte möglichst kurz und für den Menschen geläufig sein. So kann man für das Ablegen z. B. das Signalwort „Down" verwenden.

Sobald er liegt, gibt man das Signal „Down".

Sich hinlegen – „Down"

Hunde liegen von Natur aus viel, denn in dieser Position können sie vollkommen entspannen. Daher bietet sich das Signal „Down" als nächste Übungseinheit an.

Nehmen Sie einen Futterbrocken in Ihre Hand und führen Sie die geschlossene Hand senkrecht an der Nase des Hundes vorbei nach unten und leicht nach vorne. Die meisten Hunde folgen der Hand und legen sich schnell hin, um mit der Nase so nahe wie möglich am Futter zu sein. Sobald Ihr Hund den Boden berührt, öffnen Sie die Hand und geben ihm das Futterstück. Legt sich Ihr Hund nicht hin, lassen Sie ihn zunächst an Ihrer Hand schnüffeln. Wiederholen Sie dann den gleichen Bewegungsablauf wie zuvor. Hat Ihr Welpe verstanden, was er machen soll, können Sie nach einigen Wiederholungen das Hörzeichen „Down" einführen: In dem Augenblick, indem Ihr Hund sich hinlegt, geben Sie das neue Signal! Als Sichtzeichen bietet sich die waagerecht nach unten geführte Hand an, die dem ursprünglichen Locken mit dem Futter entspricht.

Achten Sie darauf, dass sich Ihre Hand nicht zu nah am Hund befindet, da er sich sonst eventuell rückwärts von Ihnen weg bewegt. Halten Sie Ihre Hand allerdings zu weit vom Hund entfernt, wird ihn das animieren, Ihnen bzw. der Hand zu folgen und er rutscht über den Boden. Probieren Sie es einfach aus.

Zuverlässiges Herankommen ist eine der wichtigsten Übungen. Nutzen Sie die Folgebereitschaft Ihres Welpen und üben Sie „Hier" regelmäßig in allen Situationen.

Herankommen – „Hier"

Das Signal „Hier" kann für einen Hund lebenswichtig sein! Je zuverlässiger Ihr Hund das Signal „Hier" ausführt, desto mehr Freiheit können Sie ihm letztlich auch geben.

Starten Sie das Training in der Wohnung. Rufen Sie Ihren Welpen mit seinem Namen, Ihre Stimme sollte dabei animierend und freundlich sein. Kommt Ihr Welpe daraufhin zu Ihnen, geben Sie ihm, kurz bevor er bei Ihnen angekommen ist, das Hörzeichen „Hier". Dann belohnen Sie ihn direkt z. B. mit Ihrer Stimme und mit einem Futterbrocken. Bitte zeigen Sie Ihrem Hund das Futterstück nie, bevor er es wirklich bekommt. Halten Sie es in der geschlossenen Hand, so dass Ihr Welpe es nicht sehen kann. Denn dieses Futterstück gibt es nur zu Beginn der Übung ganz regelmäßig.

Das Prinzip der variablen Verstärkung

Hat der Welpe das Signal „Hier" nach vielen Wiederholungen verstanden, verwendet man das Prinzip der variablen Verstärkung und es gibt nur noch unregelmäßig eine Futterbelohnung. Sieht er jedoch von Anfang an das Leckerchen in Ihrer Hand, reagiert er nicht auf Ihr Signal, sondern auf das Leckerchen.

Der kleine Aussie hat in seinen ersten Lebenswochen schon viel gelernt und ist für die Zukunft bestens gerüstet.

Und wenn er dann später sieht, dass kein Futterbrocken in Ihrer Hand ist, kann es passieren, dass er sich gegen das Kommen entscheidet, da es sich für ihn nicht lohnt. Und dies muss man auf jeden Fall vermeiden.

Im Laufe des Trainings geben Sie nun das Signal „Hier" immer früher, bis Ihr Welpe tatsächlich auf das Signal hin zu Ihnen kommt. Hat Ihr Hund das zuverlässige Herankommen gelernt, können Sie die Übung nun etwas schwieriger gestalten. Jetzt sollte er sitzen, bevor er seine Belohnung bekommt. Halten Sie das Futterstück, wie bei „Sitz" beschrieben, senkrecht über seine Nase. Er wird sich hinsetzen, denn er ist der Belohnung dadurch viel näher. In diesem Moment gibt es sofort die Belohnung. Das Zeichen der geschlossenen nach oben geführten Hand wird dann automatisch zum Sichtzeichen für das Signal „Hier".

Service

Die Autoren

Martin Rütter hat vor über 15 Jahren auf Basis intensiver Studien und den Erfahrungen mit den Besuchern seines „Zentrums für Menschen mit Hund" eine eigene Philosophie zur Hundeerziehung entwickelt: das „Dog Orientated Guiding System", kurz: D.O.G.S., das den individuellen, partnerschaftlichen und leisen Umgang mit dem Hund in den Vordergrund stellt. Er gehört zu den besten Tierpsychologen Deutschlands. Zudem ist er als tierpsychologischer Berater, beliebter TV-Hundeexperte und Referent sowie als Buchautor und Verfasser zahlreicher Publikationen aktiv.

Andrea Buisman lebt in Erftstadt bei Köln mit drei Hunden, mit denen sie aktiv die verschiedensten Beschäftigungsformen für Mensch und Hund ausübt. Hierzu zählen z. B. Agility, Apportiertraining, Jagdliches Training und Zughundesport. Sie ist seit 2003 im Team von Martin Rütter. Abgesehen von ihrem Spezialgebiet „Jagdverhalten" ist sie gefragte Referentin für Trainerfortbildungen. Sie bildet angehende D.O.G.S.-Coaches aus und ist für die fachliche Betreuung des Netzwerkes der D.O.G.S.-Zentren zuständig.

Danke

Der erste Dank geht an Andrea Buisman. Vielen Dank, dass du bei den Dreharbeiten dabei warst und es mir somit für dieses Buch so leicht gemacht hast.
Ein großer Dank geht an meine Lektorin Hilke Heinemann. Danke, dass du wie gewohnt konstruktiv „drängelnd" geblieben bist, wenn ich mal wieder mit Texten getrödelt habe.
Danke an Melanie Grande, meiner Fotografin. Wieso kam eigentlich diesmal nicht der Satz „Zuppel mal einer an dem Rütter"?
Ein besonderer Dank geht natürlich an das gesamte Drehteam. Es macht wirklich Spaß mit euch Verrückten. Besonderer Dank hierbei an meinen 1. Kameramann Klaus Grittner. Danke nicht nur für die tollen Aufnahmen, sondern vor allem für die schmunzelnde, stumme Kommunikation vor Ort.
Aufrichtiger Dank geht an den Sender VOX, der mir mit „Der Hundeprofi" eine tolle Plattform bietet. Danke Kai Strum und Jan Biekehör, dass ihr immer Geduld habt und offen seid, wenn ich mit neuen Ideen komme.
Riesendank an alle Menschen und Hunde, die mir bei der Serie vertraut haben.
Tiefer Dank an Bianca. Danke, dass du die Rütters auf deine einzigartige Art zusammen hältst.
Einen liebevollen Dank an Marvin, Moritz, Milia und Marleen. Danke, dass ihr mich versteht.

Nützliche Adressen

D.O.G.S.
Zentrum für Menschen mit Hund
Fax: 0228 96 21 450 69
mruetter@d-o-g-s.net
www.ruetters-dogs.de

VOX
Der Hundeprofi
www.vox.de/531_8671.php

Fédération Cynologique
Internationale (FCI)
Place Albert 1er, 13
B – 6530 Thuin
Tel.: 0032 71 59 12 38
Fax: 0032 71 59 22 29
info@fci.be
www.fci.be

Verband für das Deutsche
Hundewesen (VDH)
Westfalendamm 174
D – 44041 Dortmund
Tel.: 0231 56 50 00
Fax: 0231 59 24 40
Info@vdh.de
www.vdh.de

Österreichischer Kynologen-
verband (ÖKV)
Siegfried-Marcus-Str. 7
A – 2362 Biedermannsdorf
Tel.: 043 (0) 22 36 710 667
Fax: 043 (0) 22 36 710 667 30
office@oekv.at
www.oekv.at

Schweizerische Kynologische
Gesellschaft (SKG)
Länggassstr. 8
CH – 3001 Bern
Tel.: 031 306 62 62
Fax: 031 306 62 60
skg@hundeweb.org
www.hundeweb.org

Register

Bildnachweis

170 Farbfotos wurden von Melanie Grande/Kosmos für dieses Buch aufgenommen.

Impressum

Genehmigte Lizenzausgabe für Verlagsgruppe Weltbild GmbH, Steinerne Furt, 86167 Augsburg
Copyright der Originalausgaben
© 2009, Franckh-Kosmos Verlags-GmbH & Co. KG, Stuttgart
© 2009, „VOX" und „Der Hundeprofi" mit freundlicher Genehmigung der VOX Television GmbH

Redaktion: Hilke Heinemann
Umschlaggestaltung: Atelier Seidel, Verlagsgrafik, Teising, basierend auf dem Originalcover von eStudio Calamar
Umschlagmotive: Melanie Grande
Gesamtherstellung: Offizin Andersen Nexö Leipzig GmbH, Zwenkau

Printed in the EU
978-3-8289-3103-9

2012 2011 2010
Die letzte Jahreszahl gibt die aktuelle Lizenzausgabe an.

Einkaufen im Internet:
www.weltbild.de